Constanze Tschöpe
Akustische zerstörungsfreie Prüfung
mit Hidden-MARKOV-Modellen

TUDpress

Studientexte zur Sprachkommunikation
Hg. von Rüdiger Hoffmann
ISSN 0940-6832
Bd. 60

Constanze Tschöpe

Akustische zerstörungsfreie Prüfung mit Hidden-MARKOV-Modellen

TUDpress

2012

Die vorliegende Arbeit wurde unter dem Titel »Akustische zerstörungsfreie Prüfung mit Hidden-MARKOV-Modellen« von der Fakultät Elektrotechnik und Informationstechnik der Technischen Universität Dresden zur Erlangung des akademischen Grades eines Doktoringenieurs (Dr.-Ing.) als Dissertation genehmigt.

Vorsitzender: Prof. Dr.-Ing. habil. Klaus-Jürgen Wolter, TU Dresden
Gutachter: Prof. Dr.-Ing. habil. Rüdiger Hoffmann, TU Dresden
Prof. Dr. Josef Küng, Johannes Kepler Universität Linz

Tag der Einreichung: 07. Februar 2011
Tag der Verteidigung: 27. September 2011

Bibliografische Information der Deutschen Nationalbibliothek
Die Deutsche Nationalbibliothek verzeichnet diese Publikation in der Deutschen Nationalbibliografie; detaillierte bibliografische Daten sind im Internet über http://dnb.d-nb.de abrufbar.

Bibliographic information published by the Deutsche Nationalbibliothek
The Deutsche Nationalbibliothek lists this publication in the Deutsche Nationalbibliografie; detailed bibliographic data are available in the Internet at http://dnb.d-nb.de.

ISBN 978-3-942710-76-3

© 2012 TUDpress
Verlag der Wissenschaften GmbH
Bergstr. 70 | D-01069 Dresden
Tel.: +49 351 47969720 | Fax: +49 351 47960819
http://www.tudpress.de

Alle Rechte vorbehalten. All rights reserved.
Gesetzt vom Autor.
Printed in Germany.

Formelzeichen und Abkürzungen

Formelzeichen

$\mathbf{A}$	zeitliche Filterungsmatrix
$\mathcal{A}$	Automat
α_e^k	Wahrscheinlichkeit zur Benutzung des Übergangs e zum Zeitpunkt k
$\mathbf{B}$	räumliche Filterungsmatrix
c	Klasse
C	Klassenanzahl
d	Gewicht, Aussage
d_c	Unterscheidungsfunktion
e	Zustandsübergang
$\mathbf{e}$	Übergangsfolge
E	Ereignis
E	Menge der Zustandsübergänge
$\mathbf{E}$	Einheitsmatrix
F	Menge der Endzustände
g_z^k	Vorwärtsvariable
G	akustisches Symbol (Modell)
G	GAUSSverteilungsdichtefunktion (Parameter)
$\mathcal{G}$	Menge der akustischen Symbole
h_z^k	Rückwärtsvariable
$\mathcal{H}$	Hidden-MARKOV-Modell
I	Menge der Anfangszustände
k	diskrete Zeit
K	Länge der Merkmalvektorfolge
K	Weglänge
$\mathbb{K}$	Semiring
L	Kontextlänge
L	Likelihood-Funktion
LL	log. Likelihood-Funktion

$\mathcal{L}$	Lattice-/Trellisdiagramm
λ	Mischungsgewicht
M	Dimension des sekundären Merkmalraums
$\mathcal{M}$	Modell
μ	Mittelwert
$\vec{\mu}$	Mittelwertvektor des (sekundären) Merkmalvektors
N	Dimension des primären Merkmalraums
NLL	neg. log. Likelihood-Funktion
$\vec{o}$	Merkmalvektor
$\mathbf{o}$	Merkmalvektorfolge
O	Menge von Merkmalvektorfolgen
$p(a\|b)$	bedingte Wahrscheinlichkeit (von a unter der Bedingung b)
s	Entscheidung
S	Speicher
σ	Standardabweichung
$\mathbf{\Sigma}$	Kovarianzmatrix
U	Weg
$\mathcal{U}^K$	Menge aller durchgehenden Wege der Länge K
w	Verhaltensfunktion
w	Gewicht
$\mathbf{W}$	lineare Transformationsmatrix
$\vec{x}$	primärer Merkmalvektor
$\mathbf{x}$	Primärmerkmalvektorfolge
$\vec{x}_0$	Mittelwertvektor des primären Merkmalvektors
x	Eingabesymbol
x	Signal
X	Signalmenge
X	Eingabealphabet
y	Ausgabesymbol
Y	Ausgabealphabet
$\vec{y}$	transformierter primärer Merkmalvektor
$\mathbf{y}$	transformierte Primärmerkmalvektorfolge
γ_z^k	Wahrscheinlichkeit zur Benutzung des Zustands z zum Zeitpunkt k
z	Zustand
z'	Folgezustand
Z	Zustandsalphabet

Operanden und Symbole

$\oplus$	allgemeine Additionsoperation
$\otimes$	allgemeine Multiplikationsoperation
$\overline{0}$	neutrales Element der Addition
$\overline{1}$	neutrales Element der Multiplikation
$\mathrm{ini}(e)$	Startzustand des Übergangs e

ter(e)	Zielzustand des Übergangs e
$\sum$	Summe
$\prod$	Produkt
$\lfloor\!\lfloor\ \rfloor\!\rfloor$	allgemeiner Floor-Operator
$\lfloor\ \rfloor$	Floor-Operator
$\|\ \|$	Abstand
$\mathbf{a_{i,j}}$	Element (i,j) der Matrix $\mathbf{A}$
$\tilde{\mathbf{a}}_{\mathbf{i,j}}$	Adjunkte oder Kofaktor des Elements $\mathbf{a_{i,j}}$ der Matrix $\mathbf{A}$
sp($\mathbf{A}$)	Spur der Matrix $\mathbf{A}$
diag($\mathbf{A}$)	Matrix, die durch Ersetzen der Nichtdiagonalelemente von $\mathbf{A}$ mit Nullen entsteht

Danksagung

„Was man gerne tut, ist keine Arbeit." (deutsches Sprichwort)

An dieser Stelle möchte ich mich bei allen bedanken, die mich über den Zeitraum meiner Promotion unterstützt und dazu beigetragen haben, dass diese Arbeit mir wirklich Freude bereitet hat.

Ganz besonderer Dank gilt meinem Doktorvater, Herrn Professor Dr. Rüdiger Hoffmann, für die Betreuung und Begleitung. Außerdem danke ich Herrn Professor Dr. Josef Küng für die Übernahme der Begutachtung. Herrn PD Dr. Ulrich Kordon danke ich für das Korrekturlesen, seine Vorschläge und hilfreichen Hinweise. Herrn Professor Dr. Matthias Wolff danke ich für die Unterstützung und das mehrfache Lesen des Manuskripts.

Ich möchte den Kollegen am Fraunhofer IZFP in Dresden dafür danken, dass sie mir ermöglichten, meine Arbeit anzufertigen und alle dazu notwendigen (sehr umfangreichen und langwierigen, manchmal auch laut klappernden) Experimente durchzuführen und auszuwerten, und mit mir die Daumen drückten, wenn die Ventile nicht ausfallen wollten. Besonders danke ich Herrn Dr. Dieter Hentschel für die Betreuung am Institut und Herrn Dipl.-Ing. Bernd Frankenstein, mit dem ich die Idee zum Thema dieser Arbeit gesponnen habe. Herrn Professor Dr. Jürgen Schreiber möchte ich ganz herzlich für seinen uneigennützigen moralischen Beistand danken, der mir sehr geholfen hat. Außerdem danke ich meinem Abteilungsleiter, Herrn Dr. Frank Schubert, und meinem ehemaligen Abteilungsleiter, Herrn Dr. Bernd Köhler, für ihre Unterstützung und die Geduld und stellvertretend für alle Kollegen, die mir beim Aufbau und bei der Durchführung der Experimente und bei der Abholung, Aufbereitung und Archivierung der dabei angefallenen, zahlreichen Daten halfen, Herrn Dr. Dieter Joneit und Herrn Dipl.-Ing. Heiko Neunübel. Herrn Dipl.-Ing. Reinhard May und Frau Elke Fischer danke ich für ihre Unterstützung beim Aufbau und bei der Durchführung der verschiedenen Ventilversuche. Weiterhin danke ich den Kollegen vom Institut für Akustik und Sprachkommunikation für ihre Hilfe und die freundliche und familiäre Aufnahme.

Außerdem möchte ich mich bei meinen Eltern Ursula und Günther Tschöpe für ihre jahrelange Unterstützung bedanken und bei allen, die mir auch noch die Daumen gedrückt haben und sich jetzt mit mir freuen.

Dresden, Mai 2012 *Constanze Tschöpe*

Inhaltsverzeichnis

1	**Einführung**	1
	1.1 Motivation	1
	1.2 Stand der Forschung	3
2	**Beschreibung der Signalkette**	7
	2.1 Signalwandlung und -vorverarbeitung	11
	2.2 Signalanalyse	12
	2.3 Klassifikation	21
	2.3.1 Klassifikation mit Rückweisung	22
	2.3.2 Abstandsklassifikatoren	23
	2.3.3 BAYES-Klassifikatoren	24
	2.4 Modell und Anlernen	26
	2.5 Datenfusion	28
3	**Stochastische Signalmodelle**	31
	3.1 GAUSSIAN-Mixture-Modelle	31
	3.1.1 Prinzip	31
	3.1.2 Parameterschätzung	33
	3.2 Hidden-MARKOV-Modelle	33
	3.2.1 Prinzip	33
	3.2.2 Parameterschätzung	44
	3.3 Strukturaufdeckung	58
4	**Experimentelle Nachweise**	61
	4.1 Datenbasen	62
	4.2 Qualitätskontrolle von Zahnrädern	64
	4.2.1 Experiment mit Korrelationskoeffizienten	65
	4.2.2 Experiment mit HMM	67
	4.3 Qualitätskontrolle von Zahnrädern mit Mikrofehlern	71
	4.3.1 Experiment mit Gutmodell aus verschiedenen Chargen	73
	4.3.2 Experiment mit Gutmodell aus einer Charge	73

		4.3.3 Experiment mit Metaklassifikation 74

- 4.4 Lebensdaueranalyse von Magnetventilen 77
  - 4.4.1 Experiment mit HMM (Medium Luft) 78
  - 4.4.2 Experimente mit HMM (Medium Wasser) 80
  - 4.4.3 Experimente mit automatischem Strukturlernen 81
- 4.5 Zustandsüberwachung in Flugzeugmaterialien 84
  - 4.5.1 Zustandsüberwachung an einer Aluminiumplatte 85
  - 4.5.2 Zustandsüberwachung an einer CFK-Platte 91
- 4.6 Weitere Anwendungen 94

5 Zusammenfassung und Ausblick 95

A Anhang 97
- A.1 Formeln und Herleitungen 97
  - A.1.1 Logarithmus einer Determinante 97
  - A.1.2 Schätzung der Kovarianzmatrix mittels symmetrischer Matrizen 97
- A.2 Dateilisten 99

Literaturverzeichnis 119

1
Einführung

1.1 Motivation

In technischen Anwendungen entstehen häufig akustische Messsignale, die auszuwerten sind. Eine automatische Beurteilung von Prüfobjekten spielt dabei eine große Rolle. Oft ist die maschinelle Qualitätskontrolle sogar Bestandteil des Herstellungsprozesses oder eine automatisierte Zustandsüberwachung ermittelt die aktuelle Zuverlässigkeit verschleißbehafteter Bauteile und Konstruktionselemente. Ein Beispiel dafür ist der Fahrzeug- und Flugzeugbau, bei dem Belastungstests unerlässlich sind. Ziel der verschiedenen Überwachungsvorgänge ist die automatische Zuordnung der Messsignale zu Güteklassen (z. B. „gut"/„schlecht" oder „neuwertig"/„verschlissen"/„defekt").

Die Anforderungen an die zu treffenden Aussagen sind verschieden: Manchmal ist eine harte Zuordnung durch die Angabe der Güteklasse („Das Bauteil ist schlecht") erforderlich, in anderen Fällen wird eine unscharfe Klassenzuordnung gewünscht („80 % Lebenszeit erreicht" oder „leicht beschädigt"). Ein dabei bisher relativ selten beachteter Ansatz ist die Verwendung selbstlernender, akustischer Mustererkennungsverfahren.

▷ *Durch die Vielzahl der Anwendungsmöglichkeiten ist ein Verfahren wünschenswert, das ohne detaillierte Kenntnis der Signalstrukturen in der Lage ist, die Messsignale zu klassifizieren.*

Dadurch wäre es prinzipiell für jede akustische Diagnose geeignet. Bei der Verwendung mehrerer Sensoren sollten die Daten miteinander kombiniert werden, um eine Gesamtaussage zu treffen.

Es wird von folgender Arbeitshypothese ausgegangen:

▷ *Eigenschaften von Prüfobjekten äußern sich als typische Ausprägungen und zeitliche Abfolgen von Signalereignissen.*

Das bedeutet, dass ein Signal durch *typische akustische Ereignisse* oder eine *typische Folge* solcher Ereignisse, die *charakteristisch* für den Zustand eines Prüfobjekts sind, beschrieben werden kann. Es wird angenommen, dass sich ein akustisches Ereignis (oder *akustisches Symbol*) durch einen sogenannten „Vektor von Merkmalen" beschreiben lässt. Exakt ausgedrückt, handelt es sich dabei eigentlich um eine Folge von Vektoren mit ähnlichen Eigenschaften, stationären und quasistationären Signalabschnitten. Eine Charakterisierung erfolgt durch die akustischen Symbole selbst und durch deren zeitliche Abfolge. Diese Betrachtungen lassen sich hervorragend mit einem Beispiel aus der Musik, einer Partitur (ital. *partitura* für Einteilung, urspr. lat. *partiri* für teilen), vergleichen, die als Zusammenstellung aller zu einem Musikstück gehörenden Stimmen definiert ist. In Abbildung 1.1 ist ein Auszug aus einer Partitur von Wolfgang Amadeus Mozart enthalten. Die einzelnen Noten in dieser Partitur entsprechen den akustischen Symbolen, die Notenfolge der zeitlichen Abfolge der Symbole. Die Partitur wird durch die einzelnen Noten zu einem Zeitpunkt und durch die Notenfolge beschrieben, d. h. die Charakteristik einer Partitur ist durch typische Noten und die zeitliche Abfolge dieser Noten gegeben.

Abb. 1.1. Auszug aus der Partitur „Ein musikalischer Spaß" von Wolfgang Amadeus Mozart (Quelle: Wikipedia).

Auch technischen Signalen liegt solch eine Partitur zugrunde. Ein illustratives Beispiel dafür ist das Signal, das beim Aufzeichnen des Schaltvorgangs bei einem Magnetventil entsteht (Abbildung 1.2). Die Struktur ist offensichtlich, das Signal kann in vier unterschiedliche akustische Ereignisse (E_1 – „geschlossen", E_2 – „öffnen", E_3 – „offen", E_4 – „schließen") unterteilt werden. In vielen Signalen ist die Struktur nicht so deutlich erkennbar, trotzdem ist sie vorhanden (siehe Kapitel 4). Daher wäre eine mathematische Modellierung für die Interpretation des Signals hilfreich. Kapitel 3 beschäftigt sich mit diesem Thema.

Da das komplette Signal redundante und irrelevante Anteile enthält, erfolgt zuerst eine Aufbereitung. Nach der Aufnahme und der ersten Vorverarbeitung der Signale (Abschnitt 2.1) werden Merkmale extrahiert und anschließend komprimiert (Abschnitt 2.2). Zur Modellierung der akustischen Ereignisse dienen u. a. Vektorklassifikatoren, z. B. GAUSSIAN-Mixture-Modelle

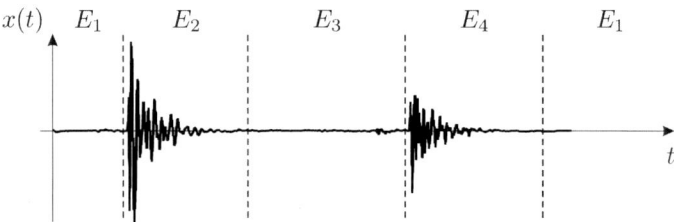

Abb. 1.2. Schaltgeräusch eines Magnetventils. Die Signalabschnitte beim Öffnen (E_2), Durchströmen des Mediums (E_3) und Schließen (E_4) sowie im Ruhezustand (Ventil ist geschlossen, E_1) können akustischen Ereignissen zugeordnet werden.

(GMM), die Partitur kann durch Folgenklassifikatoren, z. B. mit Hilfe von Hidden-MARKOV-Modellen (HMM), beschrieben werden. Eine ausführliche Darstellung liefert Kapitel 3.

▷ *Im Unterschied zur klassischen Sicht [55] werden in dieser Arbeit HMMs als endliche Automaten formuliert.*

Diese Betrachtungsweise ermöglicht ein Rechnen mit algebraischen Strukturen. Das hat einerseits den Vorteil, dass eine Vereinheitlichung in der Darstellung erfolgt, andererseits entsteht dadurch folgender Nebeneffekt:

▷ *Es kann gezeigt werden, dass zwei der drei klassischen HMM-Probleme [55] mathematisch identisch sind.*

▷ *Das gleiche gilt für die zwei wichtigsten Parameterschätzverfahren für HMMs (VITERBI-Training und BAUM-WELCH-Algorithmus).*

Im experimentellen Teil (Kapitel 4) werden Anwendungsbeispiele aus Automobilbau, Flugzeugbau und Zustandsüberwachung beschrieben. Die Datenbasis aus Messsignalen, die im Laufe der Arbeiten zu diesem Thema aufgebaut wurde, enthält inzwischen mehr als 100 GB Daten. Das Verfahren konnte in vielfältigen Anwendungen, so u. a. bei der Rissprüfung in Zahnrädern, bei der Lebensdaueranalyse von Magnetventilen und bei der Zustandsüberwachung in Flugzeugmaterialien, erprobt werden.

1.2 Stand der Forschung

In der zerstörungsfreien Werkstoffprüfung (engl. *non-destructive testing*, NDT) werden folgende Verfahren unterschieden:

1. Akustische Verfahren (z. B. Schallemission, Klangprüfung mit Ultraschall)
2. Magnetische und elektrische Prüfverfahren (z. B. Wirbelstromprüfung)
3. Durchstrahlungsprüfung (z. B. Computertomographie)
4. Optische und thermische Verfahren (z. B. Thermographie)
5. Penetrationsprüfung (z. B. Farbeindringprüfung)
6. Sonderverfahren (z. B. Kernspinresonanz).

Aufgabe der zerstörungsfreien Prüfung ist es, eine Aussage über die Qualität eines Produkts, den Zustand eines Bauteils, einer Maschine oder einer gesamten Anlage zu treffen. Die Verfahren liefern Messwerte, die durch einen Prüffachmann bewertet werden müssen. Diese Messwerte sind unterschiedlicher Natur. Zu den bildgebenden Verfahren gehören beispielsweise die Computertomographie oder die Thermographie. Sie ermitteln aus den Messgrößen des Prüfobjektes ein Abbild. Dabei wird die Messgröße oder eine Information, die daraus abgeleitet wurde, ortsaufgelöst und über Falschfarben oder Grauwerte dargestellt. Mit Hilfe der elektronischen Bildverarbeitung werden die erhaltenen Bilder weiter bearbeitet. Dabei kommen Methoden zur Bildverbesserung, z. B. die pixelweise Mittelwertbildung zur Verbesserung des Signal-Rausch-Verhältnisses, oder für die Verwendung von Bildfiltern zur Hervorhebung charakteristischer Strukturen zum Einsatz. Diese Verfahren werden u. a. in [31] erläutert und sind nicht Gegenstand dieser Arbeit.

Das Wirbelstromverfahren ist ein klassisches zerstörungsfreies Prüfverfahren. Die Charakterisierung der Messsignale kann dabei durch Real- und Imaginärwert oder mit Hilfe von Betrag und Phase erfolgen. Der Zusammenhang zwischen Messwerten und Prüfgrößen ist komplex und nicht linear. Die Auswertung erfolgt oft durch einfachen Vergleich der gemessenen Werte untereinander.

Einige Verfahren, u. a. die Klangprüfung (auch akustische Resonanzanalyse), liefern akustische Signale. Wie bei früheren Qualitätsbewertungen das Werkstück durch den Prüfer angeschlagen wurde, um durch den Klang Rückschlüsse auf die Qualität schließen zu können[1], wird bei diesem Verfahren das Werkstück impulshaft angeregt und dadurch in Schwingung versetzt. Das Schwingungsverhalten des Körpers besitzt charakteristische Frequenzen (Eigen- und Resonanzschwingungen). Umgekehrt heißt das, aus dem Schwingungsverhalten des Körpers lassen sich Rückschlüsse auf dessen Eigenschaften ziehen.

Zur Auswertung der Signale gibt es verschiedene Ansätze. Ein sehr vielversprechender Ansatz ist die Verwendung künstlicher neuronaler Netze [59, 1, 50, 63, 46]. Im Bereich der Klangprüfung wurden diese Verfahren der künstlichen Intelligenz eingesetzt [33]. In anderen Ansätzen wird untersucht, inwieweit Signale miteinander korrelieren, z. B. durch die Berechnung von Korrelationskoeffizienten [20].

Eine weitere Möglichkeit ist der Einsatz von Hidden-MARKOV-Modellen (HMM). Die meisten Methoden in ersten Veröffentlichungen basierten auf Heuristiken. Statistische Ansätze wurden seit etwa 1990 für einige spezielle Anwendungen untersucht: BARUAH verwendet HMMs für die Zustandsüberwachung und Schätzung der Restlebendauer von Metallbohrern, ausgehend von Kraft-Zeitverläufen [3]. RAMMOHAN und TAHA untersuchen in [56] anhand von simulierten Daten die Möglichkeit, die Restlebendauer belasteter Betonbrücken vorherzusagen. Sie verwenden neuronale Netze zur Merkmalauf-

---

[1] Als Beispiel sei dafür das Anschlagen von Glas durch die Verkäuferin erwähnt.

bereitung und HMMs zur Klassifikation. TAYLOR und DUNCAN benutzen statistische Verfahren (u. a. HMMs), um Prozessfehler – konkret Bahnabrisse bei der Herstellung von Papier und Kunststofffolien – aufzufinden [70]. SMYTH vergleicht in [63] HMMs und neuronale Netze für die Zustandsüberwachung und Fehlererkennung von Ausrichtungssystemen für Radioteleskope des Deep-Space-Networks der NASA. LAU sowie DAOFU und Kollegen unterstreichen die große Bedeutung von HMMs für die Berührungserkennung in robotischen Systemen [40] bzw. für die zerstörungsfreie Prüfung [97]. In [59, 98] und [49] wird die Anwendung von neuronalen Netzen und HMMs zur Diagnose von Kugellagern beschrieben. Weitere relevante Arbeiten sind [39, 46, 47]. Die Aufzählung der verschiedenen Anwendungen unterstreicht die Einsatzmöglichkeiten der HMMs. Obwohl in allen Literaturstellen auf die große Bedeutung statistischer Verfahren hingewiesen wird, erfolgte in Bezug auf technische Anwendungen bislang nur eine Implementation für Insellösungen. Die Beschreibung eines allgemeinen Verfahrens, das eine Vielzahl von Problemen abdeckt, wäre daher von großem Nutzen. Die Notwendigkeit wurde u. a. in [59] erkannt, aber bisher noch nicht umgesetzt. Ein fundamentales und viel beachtetes Werk zur Theorie der Hidden-MARKOV-Modelle stammt von RABINER [55]. HMMs wurden allerdings bereits vorher beschrieben. Darüber hinaus wird die Parameterschätzung in BILMES' „Gentle Tutorial" [6] relativ ausführlich dargestellt. Weiterhin existieren eine Reihe anderer Aufsätze, die [55] und [6] mehr oder weniger korrekt wiedergeben.

2
Beschreibung der Signalkette

Um ein Prüfobjekt beurteilen zu können, ist von der Signalaufnahme bis zur Klassifikationsentscheidung eine komplexe Folge von Bearbeitungsschritten erforderlich. Wir nennen diesen Ablauf *Signalkette*. Abbildung 2.1 zeigt die dazu notwendigen Schritte.

Zuerst werden die am Sensor empfangenen Signale gewandelt und vorverarbeitet (siehe Abschnitt 2.1). Der *Analysator* bildet aus den Signalen x geeignete Merkmale $\vec{o}$ (siehe Abschnitt 2.2). Dieser Schritt besteht mindestens aus einer *Primäranalyse* (Merkmalextraktion). Zusätzlich kann noch eine *Sekundäranalyse* (Merkmaltransformation) durchgeführt werden, um die Merkmale mit sehr großer Dimension weiter zu verdichten. Die Ergebnisse dieser Signalverarbeitung dienen als Eingangsdaten für den *Klassifikator* (siehe Abschnitt 2.3), der wie der Analysator in zwei Bearbeitungsstufen unterteilt werden kann. Die *Unterscheidungsfunktion* liefert eine Aussage über die Zugehörigkeit zu einer bestimmten Klasse. Genügt dies nicht und soll eine Entscheidung getroffen werden, müssen wir alle Einzelaussagen mit Hilfe einer *Entscheidungsfunktion* verknüpfen.

Wenn wir nicht nur einen, sondern n Sensoren verwenden, erhalten wir dementsprechend n Sensorsignale. Es gibt verschiedene Möglichkeiten, die Daten mehrerer Sensoren zusammenzufassen (*Datenfusion*): direkt nach der Signalaufnahme (Abbildung 2.2, links), nach der Primäranalyse (Abbildung 2.2, rechts), nach der Unterscheidungsfunktion (Abbildung 2.3, links) und nach der Entscheidungsfunktion (Abbildung 2.3, rechts). Die unterschiedlichen Ansätze der Datenfusion sind in Abschnitt 2.5 erläutert.

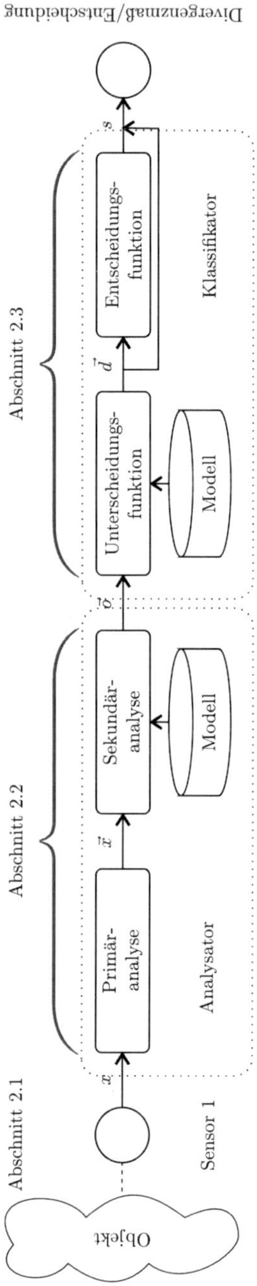

Abb. 2.1. Schematische Darstellung der Signalkette von der Signalaufnahme bis zur Klassifikationsentscheidung für einen Sensor.

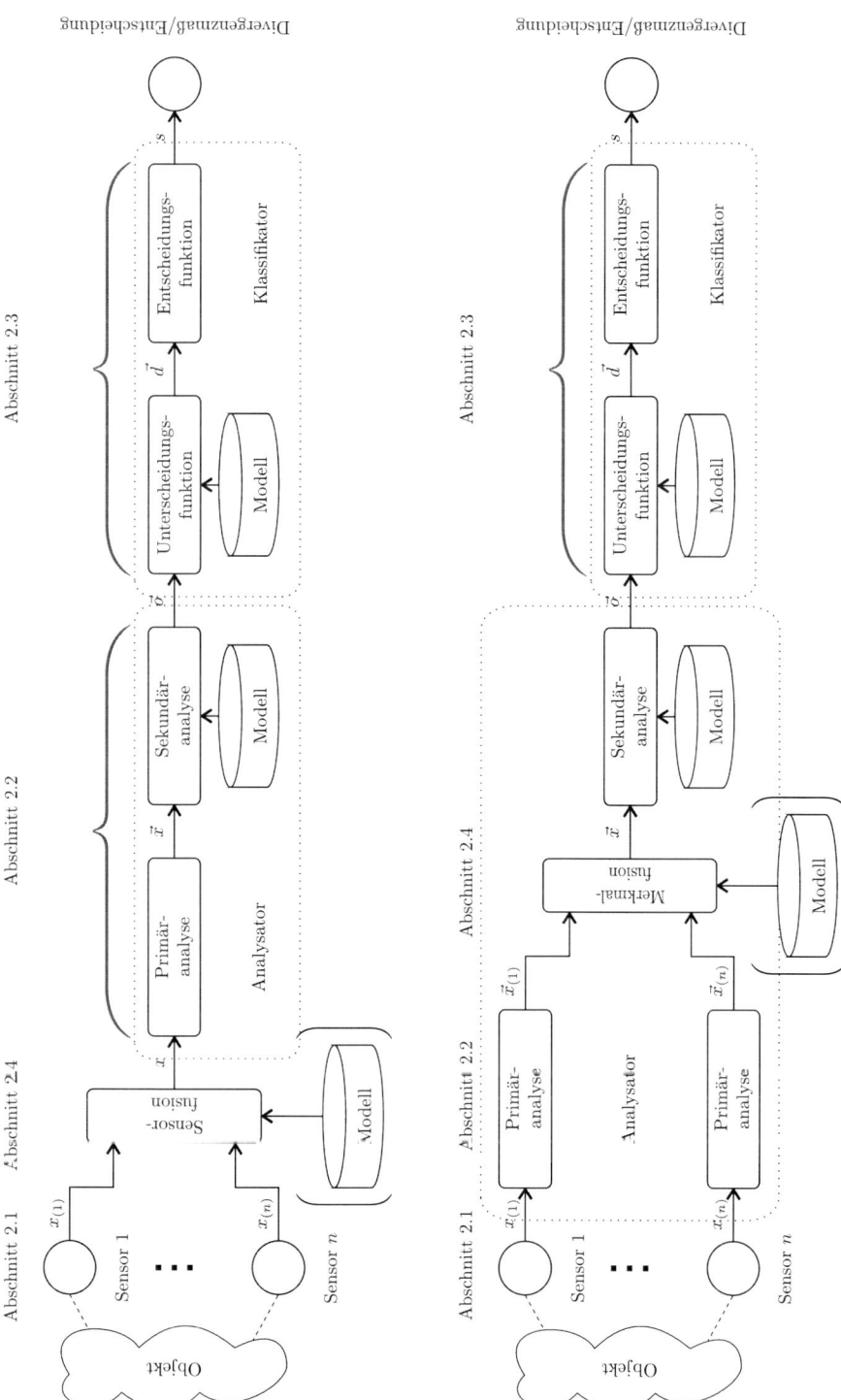

Abb. 2.2. Schematische Darstellung der Signalkette von der Signalaufnahme bis zur Klassifikationsentscheidung für n Sensoren mit Sensorfusion (links) oder Merkmalfusion (rechts).

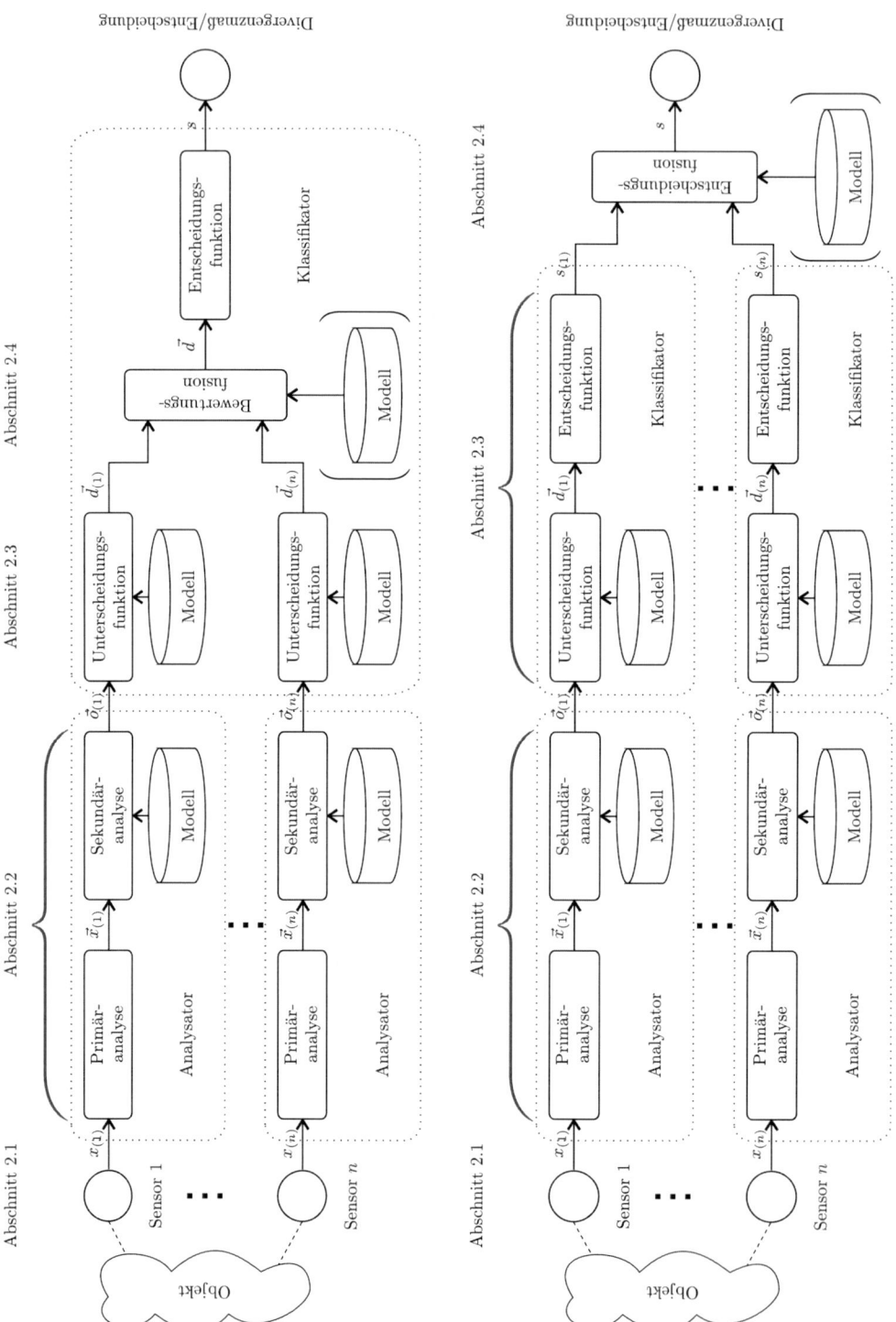

Abb. 2.3. Schematische Darstellung der Signalkette von der Signalaufnahme bis zur Klassifikationsentscheidung für n Sensoren mit Bewertungsfusion (links) oder Entscheidungsfusion (rechts).

2.1 Signalwandlung und -vorverarbeitung

Die Arbeit befasst sich mit akustischen Verfahren, bei denen entweder Arbeitsgeräusche der zu prüfenden Bauteile analysiert (passive Verfahren) oder Prüfobjekte beispielsweise durch Ultraschallimpulse zur Schwingung angeregt werden (aktive Verfahren).

Im Falle einer aktiven Anregung können verschiedene Signalformen verwendet werden. Die Auswahl der Anregungsfunktion erfolgt in Abhängigkeit von Material und Struktur. So entscheidet man sich bei gewünschter breitbandiger Anregung beispielsweise für die Sinc-Funktion (Abbildung 2.4), bei schmalbandiger unter anderem für die Chirp-Funktion (Abbildung 2.5). Eine Übersicht der für die Experimente ausgewählten Signalformen ist in Tabelle 4.2 enthalten.

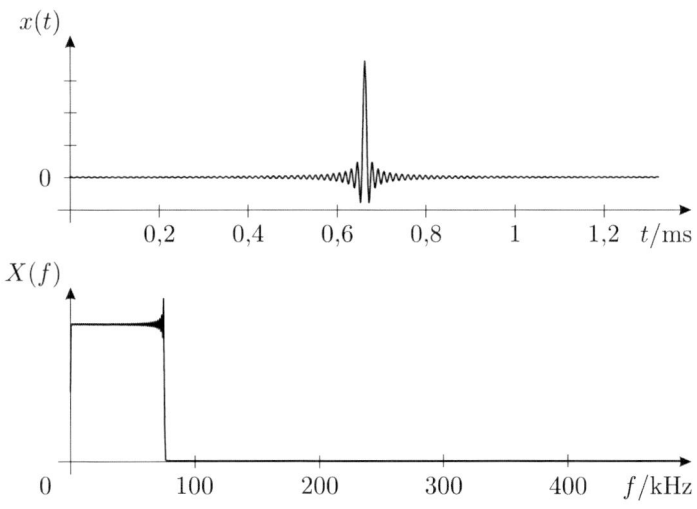

Abb. 2.4. Sinc-Funktion und Spektrum.

Bei passiven Verfahren bestimmt ein Zeitgeber (engl. *timer*) oder ein Trigger, wann die Signalaufnahme beginnt. Die Aufnahme selbst erfolgt durch spezielle Sensoren. Die Art der verwendeten Sensoren hängt vom Einsatzfall ab. So wird zum Beispiel in einer rauen und staubigen Industrieumgebung eine spezielle Sensorik benötigt, welche robust und widerstandsfähig gegen diese Bedingungen ist. Eine weitere Unterscheidung neben der Art der Sensoren ist durch die Instrumentierung gegeben. In verschiedenen Anwendungen werden die Sensoren aufgeklebt (siehe Abschnitt 4.5) oder sie können in die Struktur oder in das Bauteil integriert sein (siehe Abschnitt 4.4). In einem anderen Experiment wurde eine spezielle Sensoranordnung verwendet, das zu untersuchende Bauteil wurde auf die Sensorspitzen aufgelegt und angehoben, bevor ein Impuls gesendet wurde (siehe Abschnitt 4.2).

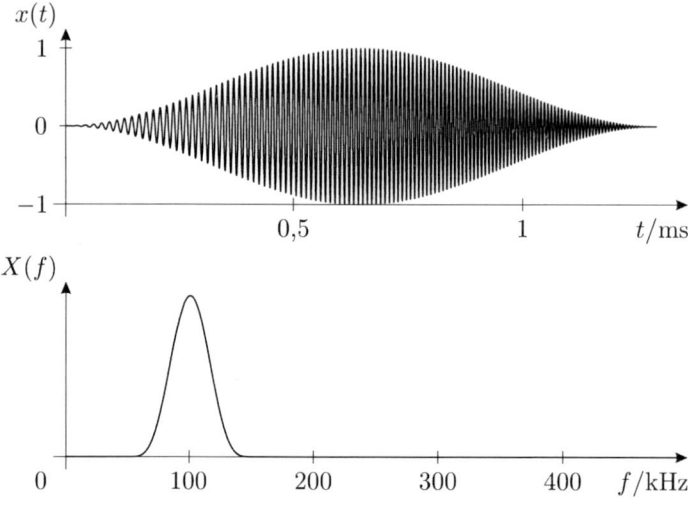

Abb. 2.5. Chirp-Funktion und Spektrum.

Zur Signalaufnahme dienten Systeme mit integrierter Vorverstärker- und Datenerfassungselektronik. Das am Sensor abgenommene Signal wurde bezüglich des Pegels und der Frequenzbereiche angepasst und digitalisiert. Die abgespeicherten Signale x bilden die Basis der Auswertung. Die Menge dieser Signale wird als X bezeichnet.

2.2 Signalanalyse

Aus den im Sensor empfangenen und aufbereiteten Signalen x kann meist nicht sofort die gewünschte Aussage getroffen werden. Einerseits ist die Datenmenge oft viel zu umfangreich (siehe Tabelle 4.2), andererseits sind in den Signalen redundante und irrelevante Anteile enthalten. Daher ist es sinnvoll, zuerst eine Signalanalyse durchzuführen, die aus der Signalmenge X eine Menge sogenannter Merkmale O bildet. Dabei werden alle notwendigen Objektinformationen aus dem Sensorsignal extrahiert und in eine kompakte Form gebracht. Mathematisch ausgedrückt, wird das Signal in einen N-dimensionalen *Merkmalraum* transformiert. Darin wird das Objekt durch einen *Merkmalvektor* $\vec{o}$ oder eine *Merkmalvektorfolge* **o**, d. h. eine Folge von Vektoren $\vec{o}$, repräsentiert. In Abbildung 2.6 ist ein Beispiel für einen zweidimensionalen Merkmalraum dargestellt. Zwei verschiedene Mengen von Merkmalvektoren sind durch Kreise und Kreuzchen dargestellt. Man spricht hier von *Ballungen* oder *Ballungsgebieten* (engl. *cluster*). Die Merkmalextraktion muss folgende Forderung erfüllen: Merkmale, die aus dem Signal extrahiert werden, müssen in gleichmäßigen Zeitabschnitten bestimmbar und aussagekräftig sein. Merkmalvektoren, die zum gleichen akustischen Ereignis gehören, müssen ähnlich sein.

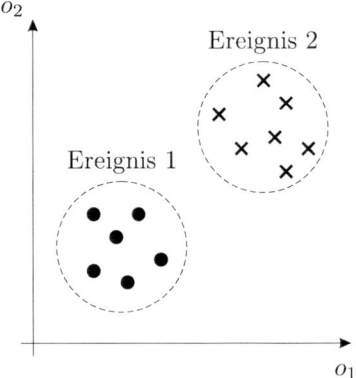

Abb. 2.6. Zweidimensionaler Merkmalraum mit 2 Ballungsgebieten. Jedes Ballungsgebiet beschreibt ein akustisches Ereignis.

Merkmalvektoren, die zu unterschiedlichen akustischen Ereignissen gehören, müssen typische Unterschiede besitzen. Das heißt, dass anhand der Merkmalvektoren akustische Ereignisse identifizierbar sind.

In diesem Abschnitt soll ein Überblick über die Verfahren, die für die Experimente verwendet wurden, gegeben werden. Die Diskussion spezieller Merkmalextraktions- und -transformationsverfahren ist nicht Schwerpunkt dieser Arbeit. Für detaillierte Erläuterungen wird auf die Literatur verwiesen [25, 88].

Wir wollen kurz zu unserem Ventilbeispiel in Abbildung 1.2 zurückkehren. Die Bildung des Kurzzeit-Leistungsspektrums liefert das Ergebnis in Abbildung 2.7. Die Unterteilung in die akustischen Ereignisse ist auch in der dargestellten Merkmalvektorfolge nachvollziehbar.

Die Signalanalyse ist ein zweistufiges Verfahren, dessen Ablauf Abbildung 2.8 zeigt. Der obere Teil stellt die primäre Merkmalanalyse dar. Als Ergebnis werden die *primären Merkmalvektoren* $\vec{x}$ erzeugt. Der untere Teil zeigt die sekundäre Merkmalanalyse, welche die *sekundären Merkmalvektoren* $\vec{o}$ ermittelt. Dieser Schritt ist optional und wird in einigen Fällen einfach weggelassen. Entfällt dieser Teil, dann ist $\vec{o}$ gleich $\vec{x}$.

Wie bereits erwähnt, werden aus dem Sensorsignal zunächst primäre Merkmalvektoren $\vec{x}$ gebildet. In Abhängigkeit von der Applikation wird dazu ein passendes Verfahren ausgewählt. Für viele technische Anwendungen ist das Kurzzeit-Leistungsspektrum eine geeignete Primäranalyse. Oft wird problembezogen entschieden und experimentabhängig ermittelt, welches Merkmalextraktionsverfahren verwendet wird. In aller Regel müssen Daten komprimiert werden. Das wesentliche Ziel ist dabei, die Dimension der Merkmalvektoren zu verkleinern.

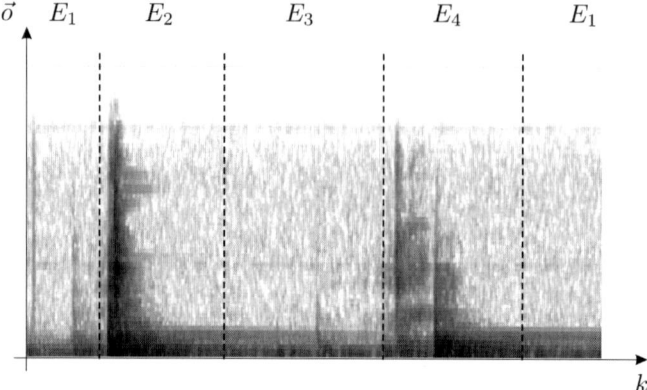

Abb. 2.7. Schaltgeräusch eines Magnetventils als Merkmalvektorfolge. Die Signalabschnitte beim Öffnen, Durchströmen des Mediums und Schließen können akustischen Ereignissen zugeordnet werden (vgl. Abbildung 1.2).

Die sekundäre Merkmalanalyse dient der weiteren Informationskompression und einer Verminderung der Redundanz. Sie umfasst die folgenden fünf Rechenschritte:

1. Subtraktion des Mittelwertvektors,
2. Räumliche Filterung der Vektorfolge,
3. Zeitliche Filterung der Vektorfolge,
4. Zusammenfügen einer Supervektorfolge,
5. Durchführung einer linearen Transformation mit Dimensionsreduktion.

Seien $\vec{x}_0$ der Mittelwertvektor, $\mathbf{W}$ die lineare Transformationsmatrix sowie $\mathbf{A}$ und $\mathbf{B}$ Filterungsmatrizen, so kann die sekundäre Merkmaltransformation in folgende Gleichung gefasst werden:

$$\mathbf{o} = \mathbf{W} \begin{bmatrix} \mathbf{B}_1(\mathbf{x} - \vec{x}_0)\mathbf{A}_1 \\ \vdots \\ \mathbf{B}_n(\mathbf{x} - \vec{x}_0)\mathbf{A}_n \end{bmatrix}. \qquad (2.1)$$

Die Gleichung wandelt eine Primärmerkmalvektorfolge $\mathbf{x}$ in eine (Sekundär-) Merkmalvektorfolge $\mathbf{o}$ um. Die Spaltenanzahl der Filterungsmatrix $\mathbf{A}$ bestimmt darüber, ob die Anzahl der Merkmalvektoren nach der Multiplikation mit $(\mathbf{x} - \vec{x}_0)$ von rechts vergrößert, verkleinert oder beibehalten wird. Meist entscheidet man sich für eine quadratische Matrix, wodurch die Anzahl der Merkmalvektoren nicht verändert wird. Oft wird als $K \cdot K$-Filterungsmatrix $\mathbf{A}$ eine Bandmatrix mit der Bandbreite $2 \cdot L + 1$ (häufig sogar eine Tridiagonalmatrix mit $L = 1$) mit folgendem typischen Aussehen gewählt:

2.2 Signalanalyse 15

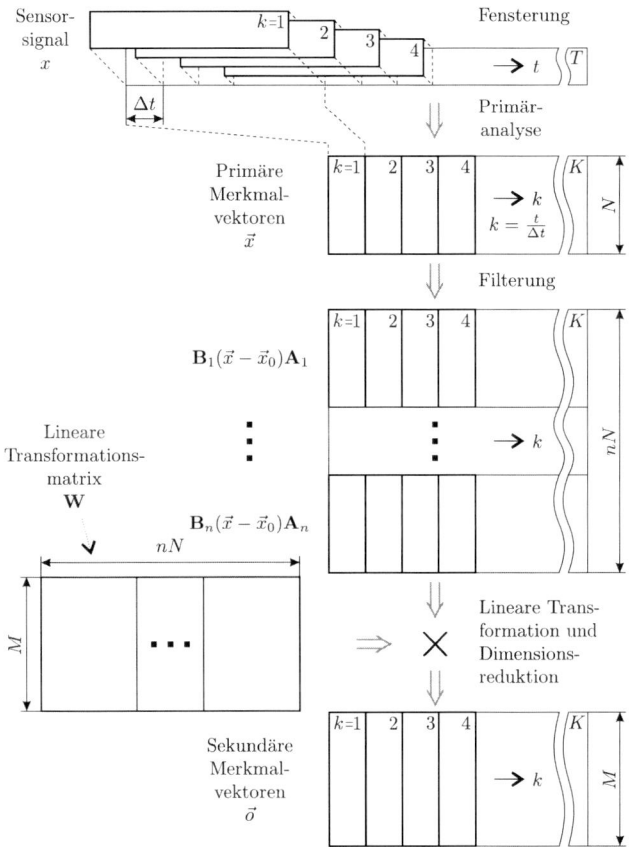

Abb. 2.8. Schema der Merkmalanalyse. N bezeichnet die Dimension des primären Merkmalraums und M die Dimension des sekundären. M ist gewöhnlich beträchtlich kleiner als N, typische Werte für M liegen zwischen 10 und 30. Eine räumliche Glättung mit der Matrix $\mathbf{B}$ ändert hier nicht die Dimension N, eine zeitliche Glättung mit der Matrix $\mathbf{A}$ beeinflusst nicht die Anzahl K der Merkmalvektoren, aus [82].

$$\mathbf{A} = \begin{pmatrix} a_0 & & a_{-L} & 0 & \dots & \dots & 0 & 0 & 0 \\ \vdots & \ddots & \vdots & a_{-L} & & & \vdots & \vdots & \vdots \\ a_L & & a_0 & \vdots & & & & & \\ 0 & \ddots & \vdots & a_0 & \ddots & & \ddots & \vdots & \\ \vdots & & a_L & \vdots & & 0 & \vdots & & \\ & & 0 & a_L & \ddots & & \ddots & a_{-L} & 0 \\ & & \vdots & 0 & & & \vdots & a_{-L} & \vdots \\ & & & \vdots & \ddots & & \ddots & a_0 & \vdots & \ddots & 0 \\ & & & & & & \vdots & & a_0 & a_{-L} \\ \vdots & \vdots & \vdots & & & & a_L & \vdots & \ddots & \vdots \\ 0 & 0 & 0 & \dots & & \dots & 0 & a_L & a_0 \end{pmatrix} . \quad (2.2)$$

Die Zeilenanzahl der Filterungsmatrix **B** bestimmt die Dimension der Merkmalvektoren nach der Multiplikation von links, durch deren Wahl kann also bereits hier eine Verkleinerung des Merkmalraums erreicht werden.

Die fünf oben genannten Rechenschritte zur Lösung der Gleichung werden im Folgenden genauer erläutert:

1. Subtraktion des Mittelwertvektors $\vec{x}_0$:
   Dieser Schritt ist optional. Manche Transformationen erfordern Mittelwertfreiheit. Wenn es für das Problem erforderlich und günstig ist, wird der Mittelwert abgezogen.
2. räumliche Filterung der Vektorfolge:
   Die Filterungsmatrix **B** realisiert eine räumliche Glättung. Eine Multiplikation der Primärmerkmalvektorfolge mit der Matrix **B** von links ermöglicht es, dass die Komponenten des gleichen Merkmalvektors in die Rechnung eingehen, wie viele das sind, bestimmt die Anzahl der besetzten Diagonalen in der Bandmatrix **B** (Kontextlänge L). Ein Beispiel für eine Filterungsmatrix zur räumlichen Glättung ist in (6) in Tabelle 2.1 enthalten. Soll keine räumliche Glättung durchgeführt werden, wird die Einheitsmatrix verwendet (**B** = **E**).
3. zeitliche Filterung der Vektorfolge:
   In Abhängigkeit von der Filterungsmatrix **A** können die folgenden Funktionen realisiert werden (Ist keine zeitliche Filterung gewünscht, wird **A** = **E** gewählt):
   a) Filterung mit gleitendem Durchschnitt:
      Eine Filterung mit gleitendem Durchschnitt entspricht einer zeitlichen Glättung. Eine zeitliche Glättung wird durch eine Multiplikation der Primärmerkmalvektorfolge mit der Matrix **A** von rechts realisiert. Dadurch gehen gleiche Vektorkomponenten aufeinanderfolgender Merkmalvektoren in die Rechnung ein. Ein Beispiel für eine Filterungsmatrix zur zeitlichen Glättung ist in (7) in Tabelle 2.1 enthalten. Das Verfahren wird jedoch nur in wenigen Fällen verwendet.
   b) Bildung von zeitlichen Verschiebungen:
      In den Merkmalvektoren zum Zeitpunkt k werden Informationen benachbarter Merkmalvektoren (von $k - L$ bis $k + L$) aufgenommen, sogenannte Kontextmerkmale. Das ist immer dann wichtig, wenn bestimmte zeitliche Verläufe im akustischen Ereignis enthalten sind (im Notenbeispiel wäre dies u. a. ein gleitender Übergang zwischen Noten, der auch Glissando genannt wird). Es ist nicht genau bekannt, an welcher Stelle ein akustisches Symbol endet und das nächste beginnt. Als Faustregel gilt hier: Sehr kurzfristige Änderungen der Merkmalvektoren werden eher durch Kontextmerkmale beschrieben, längerfristige Änderungen werden als verschiedene akustische Ereignisse modelliert. Wir unterscheiden zwischen linkem und rechtem Kontext. Beispiele sind in (1) und (2) in Tabelle 2.1 enthalten.

c) Berechnung der zeitlichen Differenz:
   Es können Differenzen 1. Ordnung (Geschwindigkeit, Delta) oder 2. Ordnung (Beschleunigung, Delta-Delta) ermittelt werden. (3), (4) und (5) in Tabelle 2.1 zeigen typische Filterungsmatrizen.
d) alle Kombinationen aus 3a)...3c):
   Die Erfahrung zeigt, dass es sich lohnt, mit den Matrizen zu experimentieren. Beispielsweise kann eine Mischung aus Differenz (3c) und Kontext (3b) verwendet werden.

4. Zusammenfügen einer $n \cdot N$-dimensionalen Supervektorfolge aus n Filterausgaben:
   Dies könnte beispielsweise folgendermaßen aussehen:

   E Matrix Originalmerkmale
   $\mathbf{A}_1$ Matrix 1. Differenz
   $\mathbf{A}_2$ Matrix 2. Differenz.

   Durch die Bildung eines Supervektors vergrößert sich die Dimension.

5. Verwenden einer linearen Transformationsmatrix **W**:
   Eine Multiplikation mit der Matrix **W** verkleinert im Allgemeinen die Dimension der Vektorfolge von $n \cdot N$ zu M. Es gibt eine Reihe von Verfahren, wie zum Beispiel die Hauptkomponentenanalyse (HKA, engl. *principal component analysis*, PCA), die Unabhängigkeitsanalyse (engl. *independent component analysis*, ICA) oder die lineare Diskriminanzanalyse (engl. *linear discriminant analysis*, LDA), welche die lineare Transformationsmatrix **W** erzeugen und sich nur in deren Berechnung unterscheiden. Es existieren unterschiedliche Ansätze zur Auswahl von M aus $n \cdot N$ potenziellen sekundären Merkmalvektorkomponenten. In der Anwendung erfolgt eine problemabhängige Wahl.

Tabelle 2.1 zeigt einige Beispiele für Filterungsmatrizen **A** und **B**.

---

rechter Kontext ($L = 1$)
(Linksverschiebung um 1)

$\vec{y}(k) = \vec{x}(k+1)$

y $= \mathbf{B}\mathbf{x}\mathbf{A}$ mit $\mathbf{B} = \mathbf{E}$

$$\mathbf{A} = \begin{pmatrix} 0 & 0 & 0 & \ldots & 0 & 0 & 0 \\ 1 & 0 & 0 & \ldots & 0 & 0 & 0 \\ 0 & 1 & 0 & \ldots & 0 & 0 & 0 \\ \vdots & \vdots & \vdots & \ddots & \vdots & \vdots & \vdots \\ 0 & 0 & 0 & \ldots & 0 & 0 & 0 \\ 0 & 0 & 0 & \ldots & 1 & 0 & 0 \\ 0 & 0 & 0 & \ldots & 0 & 1 & 0 \end{pmatrix} \quad (1)$$

rechter Kontext ($L = 1$)
(Linksrotation um 1)

$$\vec{y}(k) = \begin{cases} \vec{x}(k+1) & 1 \leq k < K \\ \vec{x}(0) & k = 0 \end{cases}$$

y $= \mathbf{B}\mathbf{x}\mathbf{A}$ mit $\mathbf{B} = \mathbf{E}$

$$\mathbf{A} = \begin{pmatrix} 0 & 0 & 0 & \ldots & 0 & 0 & \boxed{1} \\ 1 & 0 & 0 & \ldots & 0 & 0 & 0 \\ 0 & 1 & 0 & \ldots & 0 & 0 & 0 \\ \vdots & \vdots & \vdots & \ddots & \vdots & \vdots & \vdots \\ 0 & 0 & 0 & \ldots & 0 & 0 & 0 \\ 0 & 0 & 0 & \ldots & 1 & 0 & 0 \\ 0 & 0 & 0 & \ldots & 0 & 1 & 0 \end{pmatrix} \qquad (2)$$

Differenz 1. Ordnung ($L = 1$)[1]
(Geschwindigkeit, Delta)

$\vec{y}(k) = \vec{x}'(k)$
$\phantom{\vec{y}(k)} = -\frac{1}{2}\vec{x}(k-1) + \frac{1}{2}\vec{x}(k+1)$

y $= \mathbf{B}\mathbf{x}\mathbf{A}$ mit $\mathbf{B} = \mathbf{E}$

$$\mathbf{A} = \begin{pmatrix} 0 & -\frac{1}{2} & 0 & \ldots & 0 & 0 & 0 \\ \frac{1}{2} & 0 & -\frac{1}{2} & \ldots & 0 & 0 & 0 \\ 0 & \frac{1}{2} & 0 & \ldots & 0 & 0 & 0 \\ \vdots & \vdots & \vdots & \ddots & \vdots & \vdots & \vdots \\ 0 & 0 & 0 & \ldots & 0 & -\frac{1}{2} & 0 \\ 0 & 0 & 0 & \ldots & \frac{1}{2} & 0 & -\frac{1}{2} \\ 0 & 0 & 0 & \ldots & 0 & \frac{1}{2} & 0 \end{pmatrix} \qquad (3)$$

---

[1] Eine Herleitung der Koeffizienten ist in [92] zu finden.

Differenz 1. Ordnung($L = 2$)[2]
(Geschwindigkeit, Delta)

$\vec{y}(k) = \vec{x}'(k)$
$= \frac{1}{12}\vec{x}(k-2) - \frac{2}{3}\vec{x}(k-1) + \frac{2}{3}\vec{x}(k+1) - \frac{1}{12}\vec{x}(k+2)$

y   = BxA   mit **B** = **E**

$$\mathbf{A} = \begin{pmatrix} 0 & -\frac{2}{3} & \frac{1}{12} & 0 & 0 & \ldots & 0 & 0 \\ \frac{2}{3} & 0 & -\frac{2}{3} & \frac{1}{12} & 0 & \ldots & 0 & 0 \\ -\frac{1}{12} & \frac{2}{3} & 0 & -\frac{2}{3} & \frac{1}{12} & \ldots & 0 & 0 \\ 0 & -\frac{1}{12} & \frac{2}{3} & 0 & -\frac{2}{3} & \ldots & 0 & 0 \\ 0 & 0 & -\frac{1}{12} & \frac{2}{3} & 0 & \ldots & 0 & 0 \\ \vdots & \vdots & \vdots & \vdots & \vdots & \ddots & \vdots & \vdots \\ 0 & 0 & 0 & 0 & 0 & \ldots & 0 & -\frac{2}{3} \\ 0 & 0 & 0 & 0 & 0 & \ldots & \frac{2}{3} & 0 \end{pmatrix} \quad (4)$$

Differenz 2. Ordnung ($L = 2$)[2]
(Beschleunigung, Delta-Delta)

$\vec{y}(k) = \vec{x}''(k)$
$\vec{y}(k) = -\frac{1}{2}\vec{x}'(k-1) + \frac{1}{2}\vec{x}'(k+1)$
$= \frac{1}{4}\vec{x}(k-2) - \frac{1}{2}\vec{x}(k) + \frac{1}{4}\vec{x}(k+2)$

y   = BxA   mit **B** = **E**

$$\mathbf{A} = \begin{pmatrix} -\frac{1}{2} & 0 & \frac{1}{4} & 0 & 0 & \ldots & 0 & 0 \\ 0 & -\frac{1}{2} & 0 & \frac{1}{4} & 0 & \ldots & 0 & 0 \\ \frac{1}{4} & 0 & -\frac{1}{2} & 0 & \frac{1}{4} & \ldots & 0 & 0 \\ 0 & \frac{1}{4} & 0 & -\frac{1}{2} & 0 & \ldots & 0 & 0 \\ 0 & 0 & \frac{1}{4} & 0 & -\frac{1}{2} & \ldots & 0 & 0 \\ \vdots & \vdots & \vdots & \vdots & \vdots & \ddots & \vdots & \vdots \\ 0 & 0 & 0 & 0 & 0 & \ldots & -\frac{1}{2} & 0 \\ 0 & 0 & 0 & 0 & 0 & \ldots & 0 & -\frac{1}{2} \end{pmatrix} \quad (5)$$

---

[2] Eine Herleitung der Koeffizienten ist in [92] zu finden.

räumliche Glättung ($L = 1$)

$\vec{y}(k) = \frac{1}{3}\vec{x}(k-1) + \frac{1}{3}\vec{x}(k) + \frac{1}{3}\vec{x}(k+1)$

y = BxA   mit **A** = **E**

$$\mathbf{B} = \begin{pmatrix} \frac{1}{3} & \frac{1}{3} & 0 & \ldots & 0 & 0 & 0 \\ \frac{1}{3} & \frac{1}{3} & \frac{1}{3} & \ldots & 0 & 0 & 0 \\ 0 & \frac{1}{3} & \frac{1}{3} & \ldots & 0 & 0 & 0 \\ \vdots & \vdots & \vdots & \ddots & \vdots & \vdots & \vdots \\ 0 & 0 & 0 & \ldots & \frac{1}{3} & \frac{1}{3} & 0 \\ 0 & 0 & 0 & \ldots & \frac{1}{3} & \frac{1}{3} & \frac{1}{3} \\ 0 & 0 & 0 & \ldots & 0 & \frac{1}{3} & \frac{1}{3} \end{pmatrix} \quad (6)$$

zeitliche Glättung ($L = 1$)

$\vec{y}(k) = \frac{1}{4}\vec{x}(k-1) + \frac{1}{2}\vec{x}(k) + \frac{1}{4}\vec{x}(k+1)$

y = BxA   mit **B** = **E**

$$\mathbf{A} = \begin{pmatrix} \frac{1}{2} & \frac{1}{4} & 0 & \ldots & 0 & 0 & 0 \\ \frac{1}{4} & \frac{1}{2} & \frac{1}{4} & \ldots & 0 & 0 & 0 \\ 0 & \frac{1}{4} & \frac{1}{2} & \ldots & 0 & 0 & 0 \\ \vdots & \vdots & \vdots & \ddots & \vdots & \vdots & \vdots \\ 0 & 0 & 0 & \ldots & \frac{1}{2} & \frac{1}{4} & 0 \\ 0 & 0 & 0 & \ldots & \frac{1}{4} & \frac{1}{2} & \frac{1}{4} \\ 0 & 0 & 0 & \ldots & 0 & \frac{1}{4} & \frac{1}{2} \end{pmatrix} \quad (7)$$

Tabelle 2.1: Übersicht über die Beispiele für Filterungsmatrizen mit Bildung von zeitlichen Verschiebungen in (1) und (2) (der hervorgehobene Wert in (2) verdeutlicht den Unterschied zwischen beiden Beispielen), Differenz 1. Ordnung in (3) und (4), Differenz 2. Ordnung in (5) sowie mit räumlicher Glättung (6) und zeitlicher Glättung (7). (Die Filterungsmatrizen unterstellen implizit: $\vec{x}(k) = \vec{0}$ für $k < 0$ oder $k \geq K$.)

2.3 Klassifikation

In Abschnitt 2.2 wurde erläutert, wie aus der Signalmenge X eine Menge von Merkmalvektorfolgen O gebildet wird. Nun sollen diese Merkmalvektoren die Grundlage für die Klassenbildung darstellen. Betrachtet man das einfache Beispiel in Abbildung 2.6, ist es naheliegend, einer Klasse ein Ballungsgebiet zuzuordnen. Abbildung 2.9 symbolisiert diesen Schritt, indem eine Trennlinie die Klassenbildung verdeutlicht. Die Aufgabe, eine solche Trennlinie geschickt zu finden, obliegt dem *Anlernprozess* (Abschnitt 2.4).

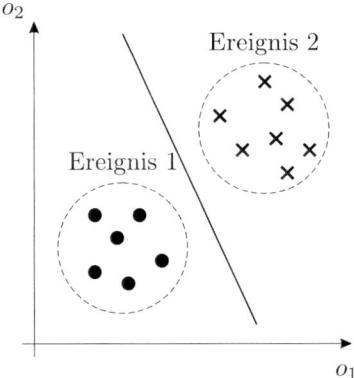

Abb. 2.9. Zweidimensionaler Merkmalraum mit zwei Ballungsgebieten und Trennfunktion.

Es gibt Klassifikatoren zur Bewertung von Merkmalvektoren, sogenannte *numerische* bzw. *Vektorklassifikatoren*, und zur Bewertung von Vektorfolgen, die *Folgenklassifikatoren*. Eine Auswahl der gebräuchlichsten Klassifikatoren ist in Tabelle 2.2 zu finden.

Klassifikator/Prinzip	Vektor-klassifikator	Folgen-klassifikator	Klassifikationsprinzip Abstand	statistisch	andere	Literaturangabe
Supportvektormaschine	✓	(✓)	✓	✓	✓	[86, 87]
GMM-Klassifikator	✓	-	-	✓	-	[6]
Künstliche Neuronale Netze	✓	(✓)	-	-	✓	[57]
Abstandsklassifikator	✓	(✓)	✓	-	-	[25]
DTW-Klassifikator	-	✓	✓	-	-	[25]
HMM-Klassifikator	-	✓	-	✓	-	[55, 6]

Tabelle 2.2. Auswahl häufig verwendeter Klassifikatoren.

22 2 Beschreibung der Signalkette

Die Klassifikation ist, wie in Abbildung 2.1 dargestellt, ein zweistufiger Prozess. Das Ziel besteht darin, automatisch eine Aussage d (die sogenannte Unterscheidungsfunktion) über den Grad der Zugehörigkeit zu einer bestimmten Klasse c bei gegebenem Merkmalvektor $\vec{o}$ zu treffen. Anschließend müssen die Aussagen über alle Klassen $c = 1, \ldots, C$ miteinander verknüpft werden, um eine Entscheidung s zu erhalten (Entscheidungsfunktion).

Formal betrachtet ist folgende Gleichung zu lösen:

$$s = \arg\underset{c=1}{\overset{C}{\text{ext}}}\, d_c(\vec{o}). \tag{2.3}$$

Tabelle 2.3 enthält einige Aussagen und ihre entsprechenden Unterscheidungs- und Entscheidungsfunktionen.

Aussage	Unterscheidungs-funktion d	Entscheidungs-funktion arg ext
Abstand	$\|\vec{o}, \vec{\mu}_c\|$	arg min
Wahrscheinlichkeit	$p(c\|\vec{o})$	arg max
log. Wahrscheinlichkeit	$\ln p(c\|\vec{o})$	arg max
neg. log. Wahrscheinlichkeit	$-\ln p(c\|\vec{o})$	arg min
Likelihood-Funktion	$L(c\|\vec{o})$	arg max
log. Likelihood-Funktion	$\ln L(c\|\vec{o}) = LL(c\|\vec{o})$	arg max
neg. log. Likelihood-Funktion	$-\ln L(c\|\vec{o}) = NLL(c\|\vec{o})$	arg min

Tabelle 2.3. Beispiele für mögliche Aussagen und zugehörige Entscheidungsfunktionen. Auf die *Likelihood-Funktion* wird an dieser Stelle bereits vorgegriffen. Da sie als Aussage große Bedeutung besitzt, sollte sie in dieser Auflistung enthalten sein. Eine Erläuterung erfolgt in Abschnitt 2.3.3.

Zur Modellierung der zeitlichen und räumlichen Signalstruktur sind statistische Klassifikatoren besonders geeignet. Sie sind in der Lage, akustische Ereignisse und Abfolgen dieser Ereignisse zu beschreiben. Daher sind sie bestens für die akustische Mustererkennung einsetzbar. Aus diesem Grund werden GMM- und HMM-Klassifikatoren detailliert in Kapitel 3 beschrieben.

2.3.1 Klassifikation mit Rückweisung

Ein Klassifikator soll den Merkmalvektor $\vec{o}$ einer Klasse c zuteilen. Ein Sonderfall tritt aber ein, wenn $\vec{o}$ so stark abweicht, dass er überhaupt keiner Klasse $c = 1, \ldots, C$ zugeordnet werden kann. Das Problem wird gelöst, indem formal eine Klasse $c = 0$ gebildet und $\vec{o}$ dieser Klasse zugewiesen wird; zur einfachen Unterscheidung dient ein *Schwellwert* d_0. Wir nennen diesen Fall *Rückweisung*.

Gleichung (2.3) mit einer zusätzlichen Rückweisung hat dann folgendes Aussehen:

$$s = \arg \underset{c=0}{\overset{C}{\text{ext}}}\, d_c(\vec{o}). \qquad (2.4)$$

Diese Verfahrensweise ist notwendig, wenn z. B. nur gute Bauteile für den Anlernprozess (Abschnitt 2.4) vorhanden sind oder keine repräsentative Auswahl an Schlechtteilen zur Verfügung steht. Dann wird ein sogenanntes *Gutmodell* gelernt. Für jedes zu testende Bauteil wird das Ergebnis der Unterscheidungsfunktion mit dem Schwellwert verglichen. Im Falle einer Rückweisung (nicht zugehörig) erfolgt eine Zuordnung zur Klasse $c = 0$, und das Bauelement wird als Schlechtteil aussortiert. An diesem Beispiel ist erkennbar, dass wir durch Hinzunahme einer Rückweisung bei C gelernten *Modellen* $C+1$ Klassen erhalten. Im Kapitel 3 werden wir auf spezielle Modelle eingehen.

2.3.2 Abstandsklassifikatoren

Abbildung 2.10 zeigt ein Beispiel für ein Zweiklassenproblem mit Rückweisung als EUKLIDischer Abstandsklassifikator. Die Funktion stellt den minimalen Abstand zu den Klassenrepräsentanten dar. Als Repräsentant für eine Klasse kann im einfachsten Fall der Mittelwertvektor $\vec{\mu}$ aller bekannten Vertreter dieser Klasse dienen. Diese Vertreter werden wir später als *Lernstichprobe* für die Klasse bezeichnen (siehe Abschnitt 2.4). Beispiele für Lernstichproben zweier Klasse sind in Abbildung 2.9 zu sehen.

Stellt man sich vor, man ließe eine Kugel an der Position des ermittelten Merkmalvektors $\vec{o}$ fallen, könnte sie in einen der beiden Trichter rollen. Dann wird sie der entsprechenden Klasse ($c = 1$ oder $c = 2$) zugeordnet. Bleibt die Kugel außerhalb der beiden Kreise um den Trichterrand liegen, würde das Ergebnis zurückgewiesen werden ($c = 0$). Wenn die Kugel auf dem Übergang beider Trichter (also auf der Trennlinie zwischen beiden Kreisen) zum Liegen kommt, kann eine zufällige Entscheidung getroffen werden, da der Abstand zu beiden Klassen gleich groß ist, aber keine Rückweisung erfolgt.

Formal können wir das Klassenproblem mit Rückweisung für den Abstandsklassifikator folgendermaßen darstellen:

$$\begin{aligned}
\text{eine Klasse}\quad & d_1(\vec{o}) = \|\vec{o}, \vec{\mu}_1\| \\
\text{(mit Rückweisung)}\quad & d_0 \\[1ex]
\text{mehrere Klassen}\quad & d_1(\vec{o}) = \|\vec{o}, \vec{\mu}_1\| \\
& d_2(\vec{o}) = \|\vec{o}, \vec{\mu}_2\| \\
& \quad\vdots \\
& d_C(\vec{o}) = \|\vec{o}, \vec{\mu}_C\| \\
\text{(mit Rückweisung)}\quad & d_0
\end{aligned} \qquad (2.5)$$

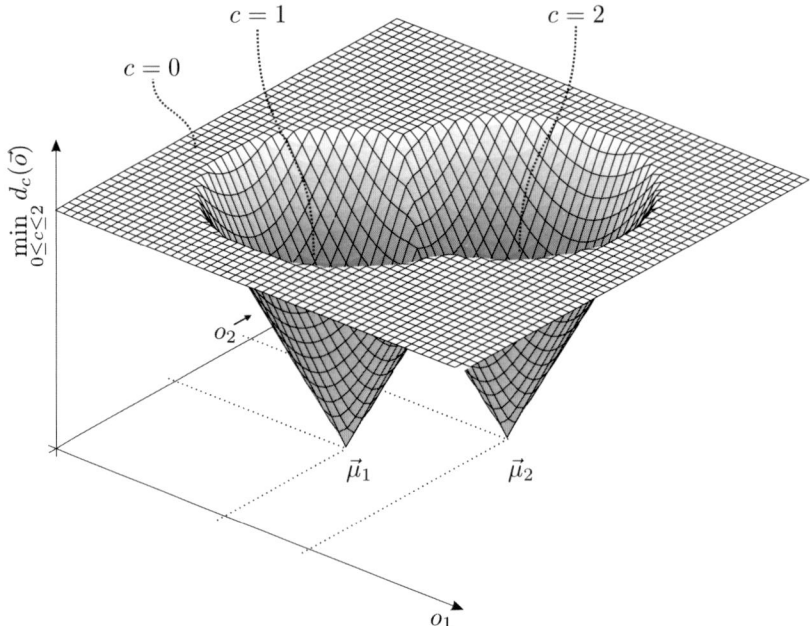

Abb. 2.10. Unterscheidungsfunktion eines zweidimensionalen EUKLIDischen Abstandsklassifikators mit zwei Klassen und Rückweisung. Die Fläche zeigt den minimalen Wert der Unterscheidungsfunktion über die drei Klassen im Merkmalraum.

Damit lässt sich die Entscheidungsfunktion in Gleichung (2.4) für ein Abstandsproblem mit Rückweisung wie folgt ausdrücken:

$$s = \arg\min_{0 \leq c \leq C} d_c(\vec{o}) = \arg\min_{0 \leq c \leq C} \|\vec{o}, \vec{\mu}_c\|. \tag{2.6}$$

2.3.3 Bayes-Klassifikatoren

In vielen Fällen werden Wahrscheinlichkeiten als Aussagen genutzt, mit denen das Objekt einer Klasse zugeordnet wird. Eine Entscheidung fällt letztendlich für die Klasse mit der größten Wahrscheinlichkeit. Diesen Ansatz wollen wir etwas detaillierter verfolgen.

$p(c|\vec{o})$ bezeichnet die Wahrscheinlichkeit der Klasse c bei gegebenem Merkmalvektor $\vec{o}$, auch *bedingte Wahrscheinlichkeit* genannt. Diese kann nicht direkt berechnet werden und muss daher auf Wahrscheinlichkeiten zurückgeführt werden, die ermittelt werden können. Dazu benutzt man den Satz von BAYES, der allgemein für Verbundwahrscheinlichkeiten $p(c, \vec{o})$

$$p(c, \vec{o}) = p(c|\vec{o})p(\vec{o}) = p(\vec{o}|c)p(c) \tag{2.7}$$

und umgestellt nach der gesuchten Größe $p(c|\vec{o})$

$$p(c|\vec{o}) = \frac{p(\vec{o}|c)p(c)}{p(\vec{o})} \qquad (2.8)$$

lautet. Wendet man diese Gleichung auf (2.3) an und passt den Entscheidungsoperator an, erhält man folgendes Ergebnis:

$$s = \arg\max_{1 \leq c \leq C} \frac{p(\vec{o}|c)p(c)}{p(\vec{o})}. \qquad (2.9)$$

Der Ausdruck im Nenner $p(\vec{o})$ hängt nicht von der Klasse c ab. Er kann daher die Entscheidung nicht ändern und somit weggelassen werden. Der verbleibende Term $p(\vec{o}|c) \cdot p(c)$ wird *Likelihood-Funktion*[3] genannt und mit $L(c|\vec{o})$ bezeichnet. Gleichung (2.9) wird damit vereinfacht zu:

$$s = \arg\max_{1 \leq c \leq C} p(\vec{o}|c)p(c) = \arg\max_{1 \leq c \leq C} L(c|\vec{o}). \qquad (2.10)$$

$p(c)$ bezeichnet die *A-priori-Wahrscheinlichkeit* der Klasse c. Damit wird die Wahrscheinlichkeit bezeichnet, mit der die Klasse ohne Kenntnis des Merkmalvektors $\vec{o}$ auftritt. Meist besitzen nicht alle Klassen die gleiche A-priori-Wahrscheinlichkeit. Wenn wir z. B. aus der zehnstelligen Zeichenkette $AABABCCADA$ zufällig ein Zeichen herausgreifen, so haben die Zeichen A, B und C folgende A-priori-Wahrscheinlichkeiten: $p(A) = \frac{5}{10} = 0,5$; $p(B) = p(C) = \frac{2}{10} = 0,2$ und $p(D) = \frac{1}{10} = 0,1$. Sie ist also für A am größten, da A in der Zeichenkette am häufigsten vorkommt. Sind die Klassen dagegen gleichwahrscheinlich oder nimmt man dies aufgrund fehlenden Wissens an, dann kann man wegen der gleichverteilten A-priori-Wahrscheinlichkeiten $p(c) = \frac{1}{C}$ Gleichung (2.10) zu

$$s = \arg\max_{1 \leq c \leq C} p(\vec{o}|c) \qquad (2.11)$$

vereinfachen. Diesen Spezialfall des BAYES-Klassifikators nennt man *Maximum-Likelihood-Klassifikator*.

Manchmal wollen wir aber keine harte Entscheidung fällen, sondern mit dem Wert der Likelihood-Funktion aus Gleichung (2.10) selbst arbeiten. Beispielsweise ist bei einer Lebensdaueranalyse die Aussage „intakt" oder „ausgefallen" nutzlos. Wenn das Bauteil vor seinem Ausfall ausgetauscht oder eine Anlage rechtzeitig abgeschaltet werden soll, kommt die Meldung „ausgefallen" zu spät. In diesem Falle muss also die Entwicklung eines Wertes über einen bestimmten Zeitraum betrachtet werden. Da der Wert der Likelihood-Funktion sehr klein ist, berechnen wir dessen Logarithmus. Betrachten wir den negativen Wert, gibt er uns eine Aussage über die Unähnlichkeit zu einer bestimmten Klasse c. Das ist ein sogenanntes *Divergenzmaß* (lat. *divergere*

---

[3] $L(c|\vec{o})$ wird als Likelihood-Funktion und nicht als Wahrscheinlichkeitsmaß bezeichnet, da das Integral von $L(c|\vec{o})$ in den Grenzen von $-\infty$ bis $+\infty$ i. d. R. nicht 1 ist und somit die stochastische Randbedingung nicht erfüllt ist.

für auseinanderstreben) $d_c(\vec{o})$.[4] In den folgenden Kapiteln bezeichnen wir es kurz mit *NLL*.

Zusammenfassend können wir die beiden Möglichkeiten folgendermaßen beschreiben:

$$\begin{aligned} \text{Entscheidung} \quad s &= \arg\max_{1 \leq c \leq C} L(c|\vec{o}) \\ \text{Divergenzmaß } d_c(\vec{o}) &= -\ln\; L(c|\vec{o}) = NLL(c|\vec{o}). \end{aligned} \quad (2.12)$$

Abbildung 2.11 zeigt ein Beispiel für ein Zweiklassenproblem mit Rückweisung als BAYES-Klassifikator unter Verwendung von GAUSSIAN-Mixture-Modellen. Eine Erläuterung zur Berechnung der Wahrscheinlichkeit $p(\vec{o}|c)$ und zur Schätzung der Modellparameter erfolgt in Abschnitt 3.1.

Wie in Abschnitt 2.3.2 beschrieben, könnte man sich auch hier eine fallende Kugel an der Position des ermittelten Merkmalvektors $\vec{o}$ vorstellen (vgl. Abbildung 2.10), die ($c = 1$ oder $c = 2$) zugeordnet würde. Auf der ebenen Fläche außerhalb würde eine Rückweisung eintreten, und das Klassifikationsergebnis wäre $c = 0$. Auf dem Übergang beider Täler kann zufällig entschieden werden, zu welcher der beiden angrenzenden Klassen eine Zuordnung erfolgen würde.

Analog zu (2.5) lässt sich das Klassenproblem mit Rückweisung für Wahrscheinlichkeiten wie folgt zusammenfassen (Zur Vereinfachung verwenden wir hier die Klassennummer als Index; c_1 ist also gleichbedeutend mit $c = 1$):

$$\begin{aligned} \text{eine Klasse} \quad & d_1(\vec{o}) = p(\vec{o}|c_1) \\ \text{(mit Rückweisung)} \quad & d_0 \\[1ex] \text{mehrere Klassen} \quad & d_1(\vec{o}) = p(\vec{o}|c_1)p(c_1) \\ & d_2(\vec{o}) = p(\vec{o}|c_2)p(c_2) \\ & \quad\vdots \\ & d_C(\vec{o}) = p(\vec{o}|c_C)p(c_C) \\ \text{(mit Rückweisung)} \quad & d_0 \end{aligned} \quad (2.13)$$

2.4 Modell und Anlernen

Wir wollen noch einmal zu Abbildung 2.9 zurückkehren. Wir besitzen klassifizierte Lernstichproben, d. h. wir wissen, zu welcher Klasse die Repräsentanten (Kreise und Kreuzchen) gehören. Klassen werden in den meisten Fällen mit Hilfe von Modellen beschrieben, welche die Klassengebiete im Merkmalraum mathematisch definieren. Eine naheliegende Variante ist, einen oder mehrere Klassenrepräsentanten $\vec{\mu}_c$ zu bestimmen, beispielsweise einen Mittelwert.

---

[4] Das Divergenzmaß ist dem Abstandsmaß ähnlich, erfüllt aber mathematisch nicht alle Bedingungen.

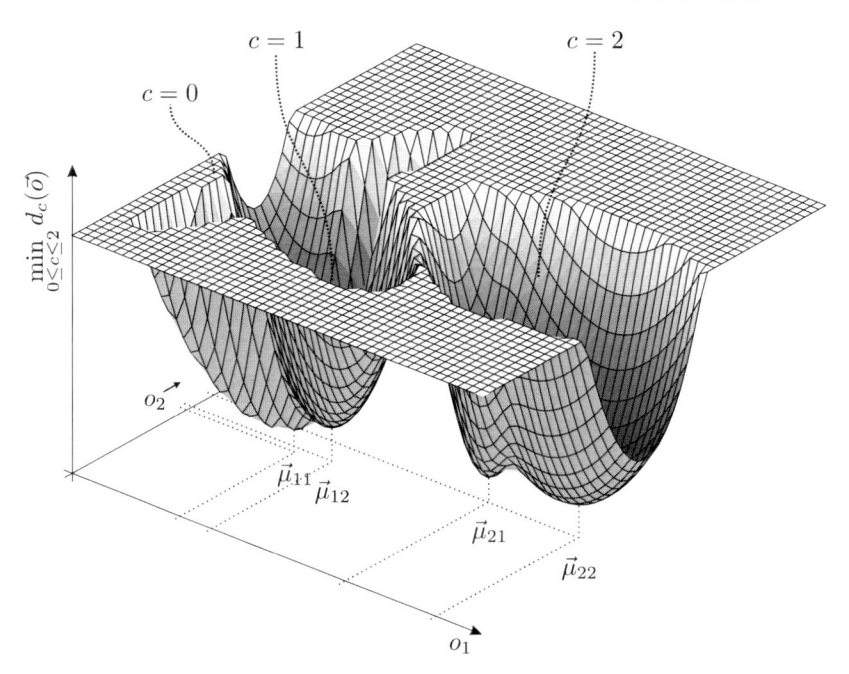

Abb. 2.11. Unterscheidungsfunktion eines zweidimensionalen BAYES-Klassifikators mit zwei Klassen und Rückweisung. In diesem Beispiel wurde eine negative logarithmische Likelihood als Unterscheidungsfunktion verwendet (siehe Tabelle 2.3). Die Fläche zeigt den minimalen Wert der Unterscheidungsfunktion über die drei Klassen im Merkmalraum.

Ein unbekannter Merkmalvektor $\vec{o}$ kann nun einfach der Klasse zugeordnet werden, deren Repräsentanten er am nächsten liegt (Abschnitt 2.3.2). Diese Methode ist allerdings nicht sehr leistungsfähig. In Abschnitt 2.3.3 betrachteten wir Modelle für einen BAYES-Klassifikator, welche zusätzlich zu den Mittelwertvektoren noch mindestens eine Kovarianzmatrix pro Klasse benutzen.

Modelle machen die Klassen also unterscheidbar, sie werden bei der Berechnung der Unterscheidungsfunktion d benutzt:

$$d_c(\vec{o}) = d(\vec{o}, \mathcal{M}_c), \qquad (2.14)$$

wobei $c = 1, \ldots, C$ gilt und $\mathcal{M}_c$ die Modellinformation der Klasse ist. Normalerweise sind die Unterscheidungsfunktionen (bis auf die der Rückweisungsklasse) alle gleich, nur das Modell macht die Unterscheidungsfunktionen klassenabhängig. Spezielle Modelle werden detailliert in Kapitel 3 beschrieben.

Zum Anlernen der Modelle (auch *Referenz* oder *Referenzwissen*) wird, wie bereits erwähnt, eine Lernstichprobe (auch *Trainingsstichprobe*) verwendet. Zur Erprobung der Modelle dient eine *Teststichprobe*. Diese Datenmengen müssen unbedingt disjunkt sein, da ansonsten die Ergebnisse verfälscht würden. Ein Modell erkennt natürlich gelernte Daten als zugehörig. Wird nur ein Modell angelernt, verwendet man zur Ermittlung des optimalen Schwellwertes zusätzlich eine *Entwicklungsstichprobe*. Sie muss sowohl zur Lern- als auch zur Teststichprobe disjunkt sein.

Bei der Auswahl der Lernstichprobe muss darauf geachtet werden, dass eine repräsentative Auswahl getroffen wird. Ignoriert man diese Bedingung, können unerwünschte Effekte eintreten: Eigenschaften der Prüfobjekte, die nicht gelernt werden, können auch in der Teststichprobe nicht erkannt werden. Ein Beispiel ist in 4.3.2 erläutert.

Will man eine Aussage über alle Elemente der gesamten Datenmenge erhalten, kann das Prinzip der Kreuzvalidierung verwendet werden. Dazu teilt man die Menge nach dem Zufallsprinzip in gleich große Teile. Nacheinander dient jeder Teil als Lernstichprobe, die restlichen Elemente als Teststichprobe. Zu beachten ist, dass bei der Bildung eines Gutmodells Schlechtteile aus der Lernstichprobe entfernt werden müssen. Die Kreuzvalidierung wurde in Experiment 4.2 verwendet.

2.5 Datenfusion

Wenn wir Signale mehrerer Sensoren verarbeiten, gibt es unterschiedliche Ansätze, wie und an welcher Position in der Signalkette die Daten miteinander verknüpft werden können (vgl. Abbildungen 2.2 und 2.3). Abbildung 2.12 zeigt eine Übersicht der verschiedenen Möglichkeiten und einige Beispiele. Wir können die Daten bereits nach der Signalwandlung und -vorverarbeitung zusammenfassen. Daher wird dieses Prinzip als *Sensor-* oder *Signalfusion* bezeichnet. Auch nach der Primäranalyse ist eine Datenverknüpfung möglich. Sie heißt dann *Merkmalfusion*. Direkt nach der Sekundäranalyse ist eine Datenfusion weitestgehend unüblich. Im Klassifikator gibt es zwei weitere Möglichkeiten zur Verknüpfung, direkt nach der Unterscheidungsfunktion (*Bewertungsfusion* genannt) und nach der Entscheidungsfunktion (*Entscheidungsfusion*). HAL stellt in [22] verschiedene Strategien zur Datenfusion vor. Wir haben zwei Methoden ausgewählt, um für die Daten in Experiment 4.5.1 eine Bewertungsfusion durchzuführen.

Ein Spezialfall der Datenfusion ist die *Metaklassifikation* (auch *Nachklassifikation*). Dabei werden verschiedene Bewertungen oder Entscheidungen über dasselbe Prüfobjekt miteinander kombiniert (siehe Abbildung 2.3). Ein praktisches Beispiel ist in Abschnitt 4.3.3 erläutert.

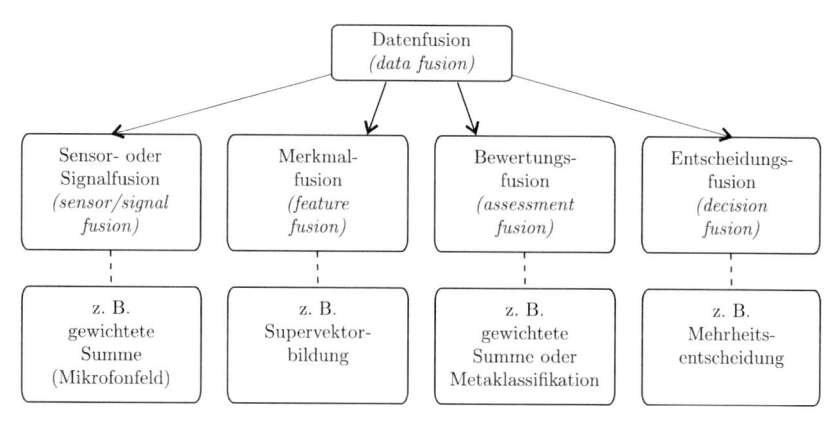

Abb. 2.12. Möglichkeiten und Beispiele der Datenfusion.

3
Stochastische Signalmodelle

3.1 Gaussian-Mixture-Modelle

Gaussian-Mixture-Modelle (engl. Gaussian mixture model, GMM) benutzen die Dichtefunktionen der Gauss- oder Normalverteilung (engl. Gaussian probability density function, Gaussian PDF oder Gaussian), die durch den Mittelwertvektor $\vec{\mu}$ und die Kovarianzmatrix $\boldsymbol{\Sigma}$ beschrieben werden. Im eindimensionalen Fall besitzt die Verteilung den Mittelwert μ und die Standardabweichung σ als Parameter (Abbildung 3.1).

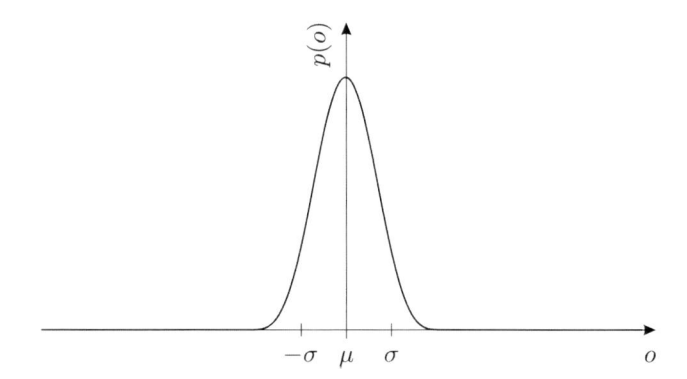

Abb. 3.1. Gaussverteilungsdichtefunktion im eindimensionalen Merkmalraum.

3.1.1 Prinzip

Wir haben in Abschnitt 2.3.3 Bayes-Klassifikatoren vorgestellt. Um die Entscheidungsfunktion in Gleichung (2.10) ermitteln zu können, wird die bedingte Wahrscheinlichkeit $p(\vec{o}|c)$ benötigt.

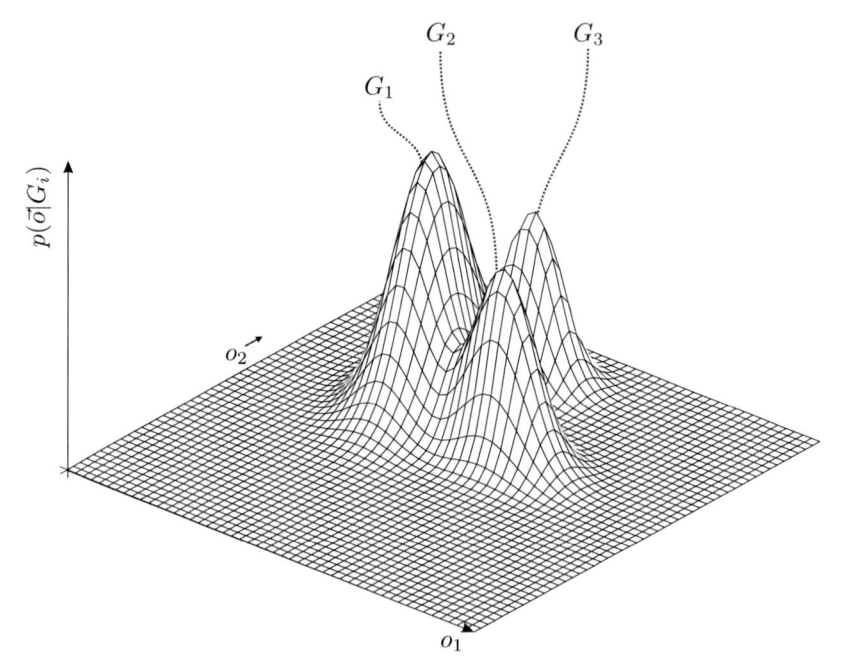

Abb. 3.2. Überlagerung von drei GAUSSverteilungsdichtefunktionen im zweidimensionalen Merkmalraum.

GAUSSian-Mixture-Modelle beschreiben $p(\vec{o}|c)$ durch eine Überlagerung von M GAUSSverteilungsdichtefunktionen G_m (mit dem Mittelwertvektor $\vec{\mu}_m$ und der Kovarianzmatrix $\boldsymbol{\Sigma}_m$), wobei die Mischungsgewichte λ_m die Bedingung

$$\sum_{m=1}^{M} \lambda_m = 1 \qquad (3.1)$$

erfüllen müssen:

$$p(\vec{o}|c) = \sum_{m=1}^{M} \lambda_m \cdot p(\vec{o}|G_m) \quad \text{mit} \qquad (3.2)$$

$$G_m = \{\vec{\mu}_m, \boldsymbol{\Sigma}_m, \lambda_m\} \qquad \text{und} \qquad (3.3)$$

$$p(\vec{o}|G_m) = \frac{1}{\sqrt{2\pi^N |\boldsymbol{\Sigma}_m|}} \exp\left(-\frac{1}{2}(\vec{o}-\vec{\mu}_m)^\top \boldsymbol{\Sigma}_m^{-1}(\vec{o}-\vec{\mu}_m)\right). \qquad (3.4)$$

Ein Beispiel für ein GMM, bestehend aus einer Überlagerung von drei GAUSSverteilungsdichtefunktionen, zeigt Abbildung 3.2. GMMs werden genutzt, um Signalereignisse (siehe Abbildung 3.3) zu modellieren, vorausgesetzt ihre Merkmalvektoren sind durch eine Überlagerung von GAUSSverteilungsdichtefunktionen darstellbar. Ist dies nicht der Fall, dann sind andere parametrische Verteilungsdichtefunktionen zu wählen.

3.1.2 Parameterschätzung

Die in Abschnitt 3.1.1 vorgestellten Parameter des GMM können wir als Menge G betrachten:

$$G = \{\vec{\mu}_1, \ldots, \vec{\mu}_M, \boldsymbol{\Sigma}_1, \ldots, \boldsymbol{\Sigma}_M, \lambda_1, \ldots, \lambda_M\}. \tag{3.5}$$

Um geeignete Parameter G^* für eine Lernstichprobe $O = (\vec{o}^1, \vec{o}^2, \ldots, \vec{o}^K)$ zu finden, wird die Maximum-Likelihood-Schätzung verwendet. Wie die Bezeichnung verrät, wird dazu die Likelihood $L(G|O)$ der Parameter G bei gegebener Stichprobe O maximiert:

$$G^* = \arg\max_G L(G|O). \tag{3.6}$$

Diese Optimierung ist nicht analytisch lösbar. Daher wird oft ein iteratives Verfahren verwendet, das die Parameter schrittweise verbessert. Eine solche Methode ist das Erwartungswert-Maximierungsverfahren (EM, engl. *expectation-maximization algorithm*). Es sei allerdings erwähnt, dass der Algorithmus die Parameter verbessert, aber nicht das Finden des globalen Maximums garantiert.

Die Herleitung der Schätzformeln für GMMs ist ausführlich in [92] beschrieben, für HMMs erfolgt sie in Abschnitt 3.2.2. Dort wird außerdem der Zusammenhang zwischen GMMs und HMMs dargelegt, der bewirkt, dass das Verfahren auch für GMMs einsetzbar ist. Aus diesem Grund wird an dieser Stelle auf die Erläuterung verzichtet.

3.2 Hidden-Markov-Modelle

3.2.1 Prinzip

Hidden-MARKOV-Modelle stellen eine Erweiterung der stochastischen Vektorklassifikatoren auf *Folgen* von Vektoren dar. Sie beschäftigen sich grundsätzlich mit der gleichen Frage: „Wie *wahrscheinlich* gehört ein Objekt zur Klasse c, wenn dafür die Merkmalvektorfolge $\mathbf{o}$ beobachtet wurde?". Gleichung (2.10) können wir daher für Merkmalvektorfolgen folgendermaßen schreiben.

$$s = \arg\max_{1 \leq c \leq C} p(\mathbf{o}|c)p(c) = \arg\max_{1 \leq c \leq C} L(c|\mathbf{o}). \tag{3.7}$$

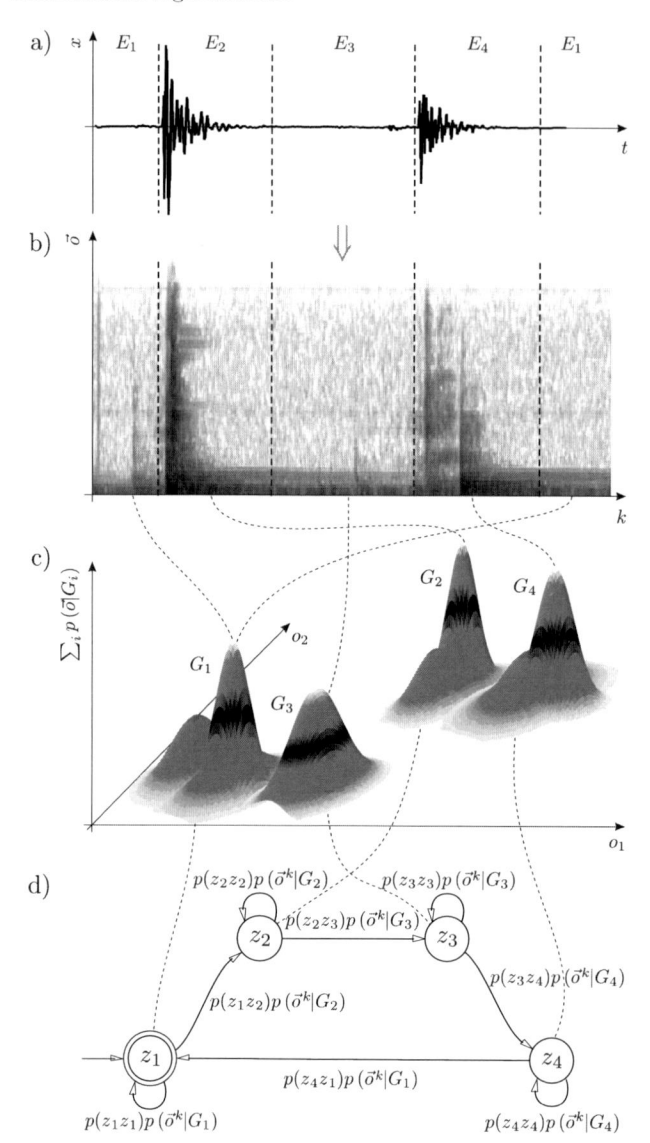

Abb. 3.3. Funktionsweise des HMM-Klassifikators am Beispiel des Schaltgeräusches eines Magnetventils. a) Signal mit den Ereignissen E_1, E_3 (stationär) and E_2, E_4 (nicht stationär), b) Merkmalvektorfolge (Kurzzeit-Leistungsspektrum), c) GAUSSIAN-Mixture-Modelle $G_1 \ldots G_4$ der Signalereignisse und d) endlicher Zustandsautomat als Modell der Ereignisstruktur, aus [82].

3.2 Hidden-MARKOV-Modelle

Betrachtet man die GMMs als stochastische Modelle von Signalereignissen, kann darauf aufbauend ein Modell für Folgen solcher Ereignisse, also für die Signalsstruktur, entwickelt werden. Eine Lösung für dieses Problem stellen die stochastischen endlichen Automaten (engl. *finite state automata*, FSA) dar. Abbildung 3.4 verdeutlicht die Funktionsweise eines endlichen Zustandsautomaten. Ein endlicher Automat besitzt einen Eingang, in den Symbole $x(k)$ eingegeben werden, einen Ausgang, aus dem Symbole $y(k)$ ausgegeben werden, und einen Speicher S, der einen inneren, versteckten[1] Zustand $z(k)$ zum Zeitpunkt k des Systems hält. Zustand, Ein- und Ausgabewerte sind durch endliche Mengen (Alphabete Z, X und Y) begrenzt. Die Verhaltensfunktion w

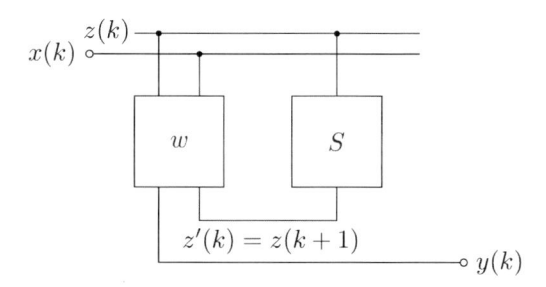

Abb. 3.4. Sequenzieller Automat mit Verhaltensfunktion w, Speicher S, Eingabesymbol $x(k)$, Ausgabesymbol $y(k)$ sowie aktuellem und nachfolgendem internen Zustand $z(k), z'(k)$, aus [82].

bestimmt für jeden möglichen Zustand und jedes Eingabesymbol den nachfolgenden Zustand und das Ausgabesymbol und ordnet gleichzeitig jedem dieser 4-Tupel aus Zustand, Eingabe-, Ausgabesymbol und Nachfolgezustand ein Gewicht zu:

$$w : Z \times X \times Y \times Z \mapsto \mathbb{K}. \tag{3.8}$$

Um die Modelle und Zustandsgraphen allgemeingültig darstellen zu können, führen wir zuvor die algebraischen Strukturen der Semiringe ein:

Def. (aus [92]): Ein Semiring $\mathbb{K}$ ist eine Menge M zusammen mit zwei zweistelligen Verknüpfungen $\oplus$ und $\otimes$ und je einem neutralen Element auf der Menge M:

$$\mathbb{K} = \left\{ M, \oplus, \otimes, \overline{0}, \overline{1} \right\}$$

mit

$$\left. \begin{array}{l} \oplus : \text{„Additions"-} \\ \otimes : \text{„Multiplikations"-} \end{array} \right\} \text{operation mit neutralem Element.}$$

Es gilt für alle $a, b, c \in M$:

---

[1] Der Begriff „versteckt" bedeutet, dass nur die Werte an den Ein- und Ausgängen, nicht aber die Speicherbelegungen direkt beobachtet werden können.

$$
\begin{aligned}
&(1)\ (a \oplus b) \oplus c = a \oplus (b \oplus c) \\
&(a \otimes b) \otimes c = a \otimes (b \otimes c)
\end{aligned}
\Biggr\} \ \oplus \text{ und } \otimes \text{ sind assoziativ}
$$

$$
(2)\ a \oplus b = b \oplus a \qquad \oplus \text{ ist kommutativ}
$$

$$
\begin{aligned}
&(3)\ (a \oplus b) \otimes c = (a \otimes c) \oplus (b \otimes c) \\
&a \otimes (b \oplus c) = (a \otimes b) \oplus (a \otimes c)
\end{aligned}
\Biggr\} \ \otimes \text{ ist distributiv über } \oplus
$$

$$
\begin{aligned}
&(4)\ a \oplus \overline{0} = \overline{0} \oplus a = a \\
&(5)\ a \otimes \overline{1} = \overline{1} \otimes a = a
\end{aligned}
\Biggr\} \ \text{neutrale Elemente } \overline{0},\overline{1}.
$$

Anmerkung: Für einen Ring gilt die zusätzliche Bedingung:

(6) $\forall_{a \in M} : \exists \left(-a \in M, a \oplus -a = \overline{0}\right)$ \qquad Negation.

Tabelle 3.1 enthält einige Semiringe.

Semiring	Menge	$\oplus$	$\otimes$	$\overline{0}$	$\overline{1}$	$<$	$>$	ext [1]
BOOLEscher ~	$\{0,1\}$	$\vee$	$\wedge$	0	1	n/a	n/a	n/a
Reeller ~	$\mathbb{R}$	$+$	$\bullet$	0	1	$<$	$>$	max
Wahrscheinlichkeits- ~	$\mathbb{R}_+$	$+$	$\bullet$	0	1	$<$	$>$	max
logarithmischer ~	$\mathbb{R} \cup \{\infty\}$	$\oplus_{\log}^{[2]}$	$+$	∞	0	$>$	$<$	min
tropischer ~	$\mathbb{R} \cup \{\infty\}$	min	$+$	∞	0	$>$	$<$	min
Max/Mal ~	$\mathbb{R}_+$	max	$\bullet$	0	1	$<$	$>$	max

[1] ext : im Sinne von „besser" $\to$ größere Wkt./kleineres Gewicht
[2] $\oplus_{\log}$: $x \oplus_{\log} y = -\ln\left(e^{-x} + e^{-y}\right)$

Tabelle 3.1. Semiringe, nach [92].

Besonders für die späteren Betrachtungen besitzen die unteren vier Semiringe große Bedeutung. Sie lassen sich ineinander überführen. Dieser Zusammenhang wird in Abbildung 3.5 verdeutlicht und in Abschnitt 3.2.2 erläutert.

Für eine anschauliche Beschreibung der Automaten wird aber zuvor ein anderer, ebenfalls in der Tabelle beschriebener Semiring, der BOOLEsche Semiring, genutzt. Als Beispiel dient der in Abbildung 3.6 dargestellte serielle Addierer. Die Menge der Eingabewerte sind die Tupel $X = \{(0,0),(0,1),(1,0),(1,1)\}$, also alle möglichen zweistelligen Kombinationen der Binärwerte 0 und 1. $Y = \{0,1\}$ bildet die Menge der Ausgabewerte als Ergebnis der Addition sowie $Z = \{0,1\}$ die Menge der Zustände, die gleichzeitig den Übertrag der ausgeführten Addition darstellt. Da zu Beginn und am Ende des gesamten Vorgangs keine Überträge vorhanden sind, entspricht $I = \{0\} \subseteq Z$ der Menge der Anfangszustände und $F = \{0\} \subseteq Z$ der Menge der Endzustände, jeweils Teilmengen der Zustandsmenge Z. Übersichtlicher ist die Darstellung

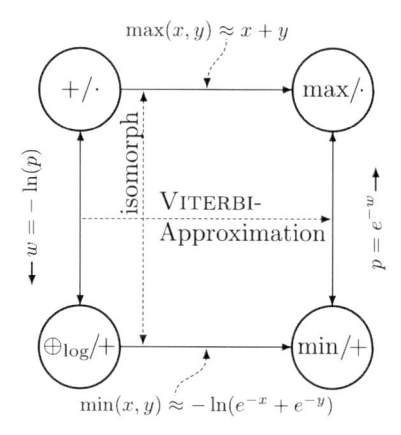

Abb. 3.5. Zusammenhänge der vier Semiringe: Wahrscheinlichkeits-, logarithmischer, tropischer und Max/Mal-Semiring.

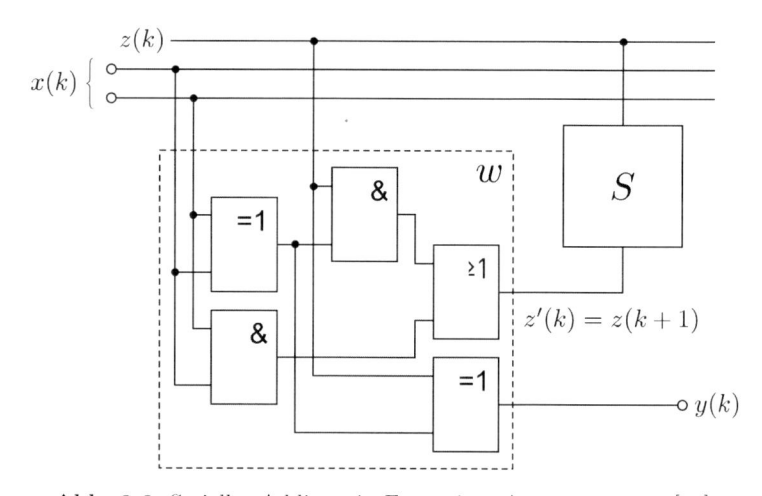

Abb. 3.6. Serieller Addierer in Form eines Automaten, aus [92].

als Automatengraph in Abbildung 3.7. Allgemein ausgedrückt, ist die Zustandsübergangsmenge E des Automaten $\mathcal{A}$:

$$E = \{(z, x, y, z'(k), w(z, x, y, z'(k)))\}. \qquad (3.9)$$

Das bedeutet, dass jedem Zustandsübergang ein Eingabesymbol $x \in X$, ein Ausgabesymbol $y \in Y$ und ein Gewicht $w \in \mathbb{K}$ zugeordnet wird, also:

$$E \subseteq Z \times X \times Y \times \mathbb{K} \times Z. \qquad (3.10)$$

Beispiele für Zustandsübergänge in Abbildung 3.7 sind $(0, 3, 0, 1)$ und $(1, 2, 0, 1)$. Die Menge der Gewichte $\mathbb{K}$ besteht aus den Elementen 0 und 1, d. h. der

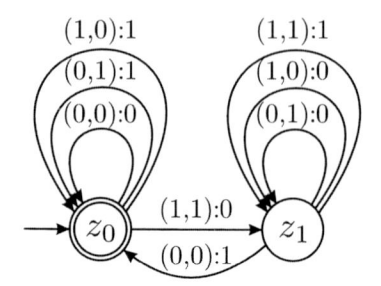

Abb. 3.7. Serieller Addierer als Automatengraph, aus [92].

Übergang ist vorhanden (Wert 1) oder nicht (Wert 0). Da das Ergebnis einer Addition eindeutig ist, existiert für jede mögliche Eingabe x im Zustand z nur eine Übergangsmöglichkeit in den Zustand z', d. h. der Automat ist *determiniert*.

Ein endlicher Automat (nach [92]) ist ein gerichteter Graph der Form

$$\mathcal{A} = (Z, I, F, X, Y, \mathbb{K}, w)$$

mit

Z ... Zustandsalphabet
X ... Eingabealphabet
Y ... Ausgabealphabet
I ... Menge der Anfangszustände; $I \subseteq Z$
F ... Menge der Endzustände; $F \subseteq Z$
$\mathbb{K}$ ... Gewichtssemiring
w ... Verhaltensfunktion.

Aus Abbildung 3.4 kann man viele Automatentypen je nach Eigenschaft der Verhaltensfunktion herleiten, u. a. MEALY- (Ausgaben sind vom gegenwärtigen Zustand und von der Eingabe abhängig), MOORE- (Ausgaben sind nur vom gegenwärtigen Zustand abhängig) und MEDVEDJEV-Automaten (Ausgaben und Zustand sind identisch). Sie werden jedoch im Rahmen dieser Arbeit nicht näher betrachtet. Eine andere Möglichkeit der Unterteilung ist in Tabelle 3.2 dargestellt. So lassen sich endliche Automaten in Akzeptoren (engl. *acceptor*), die Eingaben erkennen und akzeptieren, in Transduktoren (engl. *transducer*), die zusätzlich Ausgaben generieren, und Generatoren (engl. *generator*), die ausschließlich Ausgaben erzeugen, gliedern. Alle Automatentypen können auch gewichtet sein.

Damit kann ein Hidden-MARKOV-Modell (HMM) formal definiert werden:

$$\mathcal{H} = \{Z, I, F, \mathcal{G}, \mathbb{K}, w\}. \tag{3.11}$$

Das Ausgabealphabet entspricht der Menge der akustischen Symbole $Y = \mathcal{G}$. Es existieren keine Eingabesymbole, $X = \emptyset$. Die Zustandsübergänge des HMM (Abbildung 3.8) lassen sich folgendermaßen ausdrücken (vgl. Gleichung (3.10)):

3.2 Hidden-Markov-Modelle

		Eingabe	Ausgabe	Gewichte
Akzeptor	$\mathcal{A} = (Z, I, F, X)$	X	$Y = \emptyset$	$\mathbb{K} = \emptyset$
gewichtet	$\mathcal{A} = (Z, I, F, X, \mathbb{K})$	X	$Y = \emptyset$	$\mathbb{K}$
Transduktor	$\mathcal{A} = (Z, I, F, X, Y)$	X	Y	$\mathbb{K} = \emptyset$
gewichtet	$\mathcal{A} = (Z, I, F, X, Y, \mathbb{K})$	X	Y	$\mathbb{K}$
Generator	$\mathcal{A} = (Z, I, F, Y)$	$X = \emptyset$	Y	$\mathbb{K} = \emptyset$
gewichtet	$\mathcal{A} = (Z, I, F, Y, \mathbb{K})$	$X = \emptyset$	Y	$\mathbb{K}$

Tabelle 3.2. Automatentypen.

$$E \subseteq \underset{\underset{\text{ini}(e)}{\uparrow}}{Z} \times \underset{\underset{G(e)}{\uparrow}}{\mathcal{G}} \times \underset{\underset{w(e)}{\uparrow}}{\mathbb{K}} \times \underset{\underset{\text{ter}(e)}{\uparrow}}{Z} \qquad (3.12)$$

mit ini : $E \to Z$ Startzustand
  ter : $E \to Z$ Zielzustand
  $G : E \to \mathcal{G}$ Gaussverteilungsdichtefunktion
  $w : E \to \mathbb{K}$ Gewicht.

Ein Übergang der Zustandsübergangsmenge E in Gleichung (3.12) wird mit e bezeichnet, der Startzustand von e mit ini(e) und der Zielzustand von e mit ter(e) (siehe Abbildung 3.8). I stellt, wie bereits in der Definition des endlichen Automaten eingeführt, die Menge der Anfangszustände und F die Menge der Endzustände im Automatengraph $\mathcal{A}$ dar. Als *durchgehend* wird ein Weg U bezeichnet, der von einem Anfangszustand ($z \in I$) zu einem Endzustand ($z \in F$) führt. Wir bezeichnen mit $\mathcal{U}^K$ die Menge aller durchgehenden Wege der Länge K. Jede Merkmalvektorfolge $\mathbf{o} = (\vec{o}^1, \vec{o}^2, \ldots, \vec{o}^K)$ korrespondiert mit einem durchgehenden Weg U im Automatengraphen $\mathcal{A}$.

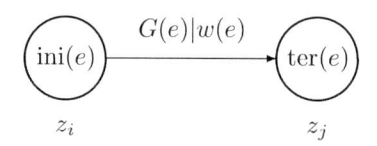

Abb. 3.8. Darstellung zweier Zustände z_i und z_j mit Zustandsübergang e, zugeordneter Gaussverteilungsdichtefunktion $G(e)$ und Gewicht $w(e)$.

Wie aber lautet die Antwort auf unsere Ausgangsfrage: Wie kann die Wahrscheinlichkeit, dass ein Objekt zur Klasse c gehört, bestimmt werden? $\mathcal{H}_c$ sei das Hidden-Markov-Modell, das die Klasse c beschreibt. Dann ist $p(\mathbf{o}|\mathcal{H}_c)$ die Wahrscheinlichkeit, dass das HMM $\mathcal{H}_c$ die Merkmalvektorfolge $\mathbf{o}$ erzeugt. Sie wird berechnet, indem man *alle* durchgehenden Wege U der Länge K betrachtet und deren individuelle Wahrscheinlichkeiten addiert:

$$p(\mathbf{o}|\mathcal{H}_c) = \sum_{U \in \mathcal{U}^K} \left[\prod_{e^k \in U} p(e^k) \cdot p(\vec{o}^k | G(e^k)) \right]. \tag{3.13}$$

Die Berechnung auf diesem Wege ist allerdings aufgrund des hohen Aufwandes praktisch nicht durchführbar. Daher wäre es besser, ein iteratives Verfahren zu verwenden, welches das globale Problem auf bereits gelöste (lokale) Teilprobleme zurückführt und dadurch Aufwand spart. Die wesentliche Eigenschaft von (3.13) ist die Zuordnung *jedes* Vektors $\vec{o}^k$ zu *jeder* GAUSSverteilungsdichte G, was mathematisch dem kartesischen Produkt $\mathcal{H} \times \mathbf{o}$ entspricht. Allgemein ausgedrückt ist das kartesische Produkt zweier Automatengraphen definiert als:

$$\mathcal{A}_1 \times \mathcal{A}_2 = \{Z_1 \times Z_2, E_1 \times E_2, X_1 \times X_2, Y_1 \times Y_2, \mathbb{K}_1 \otimes \mathbb{K}_2\}. \tag{3.14}$$

Anmerkung zur Berechnung der Gewichte: Die Gewichte $\mathbb{K}$ sind multiplikativ verknüpft. Abbildung 3.9 zeigt einen Ausschnitt von $\mathcal{A}_1 \times \mathcal{A}_2$ mit genau einem Zustandsübergang e_1 im HMM $\mathcal{H}$ und einem Merkmalvektor $\vec{o}^1$ der Merkmalvektorfolge $\mathbf{o}$.

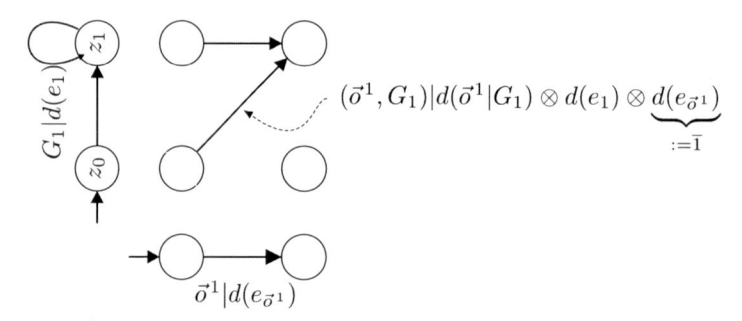

Abb. 3.9. Bildung des kartesischen Produkts eines Automatenausschnitts $\mathcal{A}_1$ und eines Merkmalvektors $\vec{o}_1$ aus den jeweiligen Ausgangsgewichten und mit zugeordneter GAUSSverteilungsdichtefunktion.

Die Berechnung des Gewichts am Übergang e_i setzt sich wie folgt zusammen:

1. $d(\vec{o}^k|G_i)$ dient als eine Maßzahl für die Zuordnung des Merkmalvektors $\vec{o}^k$ zur GAUSSverteilungsdichtefunktion G_i (siehe Gleichung (3.4)). Da dieses Gewicht vom konkreten Zeitpunkt k abhängt, wird es als zeitvariantes Gewicht bezeichnet.
2. $d(e_i)$ ist das Übergangsgewicht. Es ist unabhängig vom Zeitpunkt k und somit zeitinvariant.
3. $d(e_{\vec{o}^1})$ ist das Gewicht des Merkmalvektors selbst und damit natürlich $\bar{1}$.

Damit gilt:

3.2 Hidden-MARKOV-Modelle

$$d(e_i^k) = d(\vec{o}^k|G_i) \otimes d(e_i) \otimes \underbrace{d(e_{\vec{o}^1})}_{=1} \qquad (3.15)$$
$$= d(\vec{o}^k|G_i) \otimes d(e_i).$$

Zur Veranschaulichung des kartesischen Produkts $\mathcal{H} \times \mathbf{o}$ dient das folgende Beispiel: Gegeben sei ein HMM $\mathcal{H}$ (siehe Abbildung 3.10) mit vier Zuständen $z_0, \ldots, z_3$ und den GAUSSverteilungsdichtefunktionen G_i, die den Übergängen e_i zugeordnet sind.

Folgende Vereinbarung wird für diese Arbeit getroffen: Allen Übergängen, die zu einem Zustand z_i hinführen, ist die gleiche GAUSSverteilungsdichtefunktion G_i zugeordnet. $\mathbf{o}$ bezeichnet den Graphen der Merkmalvektorfolge $\mathbf{o} =$

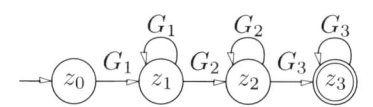

Abb. 3.10. Automatengraph des HMM $\mathcal{H}$ mit vier Zuständen und den Übergängen zugeordneten GAUSSverteilungsdichtefunktionen.

$(\vec{o}^1, \vec{o}^2, \ldots, \vec{o}^K)$ der Länge $K = 5$ (siehe Abbildung 3.11). Bildet man das

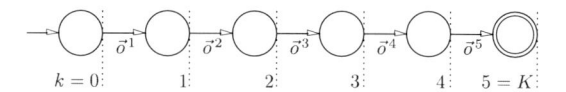

Abb. 3.11. Merkmalvektorfolge $\mathbf{o}$, bestehend aus den einzelnen Merkmalvektoren $\vec{o}^1, \vec{o}^2, \ldots, \vec{o}^5$.

kartesische Produkt aus dem HMM $\mathcal{H}$ (Abbildung 3.10) und der Merkmalvektorfolge $\mathbf{o}$ (Abbildung 3.11), erhält man das in Abbildung 3.12 dargestellte Diagramm $\mathcal{L}$.

Nach der Bildung des kartesischen Produkts wird der entstandene Graph $\mathcal{L}$ zugeschnitten. Die Operation Zuschneiden (engl. *connection, trim*) entfernt aus dem Graphen alle nicht durchgehenden Wege. Das entspricht, mathematisch betrachtet, einer Vereinigung aller durchgehenden Wege:

$$\langle \mathcal{A} \rangle := \bigcup_{U \in \mathcal{U}^K} U. \qquad (3.16)$$

Dadurch entfallen alle in der Abbildung 3.12 gestrichelt dargestellten Übergänge[2]: Da im HMM $\mathcal{H}$ nur Zustand z_0 Anfangszustand ist, existieren

---
[2] Algorithmisch erfolgt die Ermittlung der durchgehenden Wege wie folgt: Alle Wege werden beschritten und mit einem Kennzeichen versehen, sofern sie zum Zeitpunkt K in einem Endzustand enden. Wenn ein Übergang am Ende nicht gekennzeichnet ist, wird sie entfernt. Dieselbe Methode wird noch einmal rückwärts (vom End- zum Anfangszustand des Graphen) ausgeführt.

auch in $\mathcal{L}$ im ersten Zeitschritt keine anderen Zustände. Es entfallen auch die daraus resultierenden unmöglichen Zustandsübergänge. Außerdem gibt es in $\mathcal{H}$ keine Zustandsübergänge in den Zustand z_0. Weiterhin entfallen alle Übergänge zu Zuständen, die unter der Bedingung $K = 5$ nicht zum Endzustand führen. Damit wird die Zahl der Zustandsübergänge in $\mathcal{L}$ deutlich reduziert (Abbildung 3.12). In der Literatur werden diese Graphen oft und

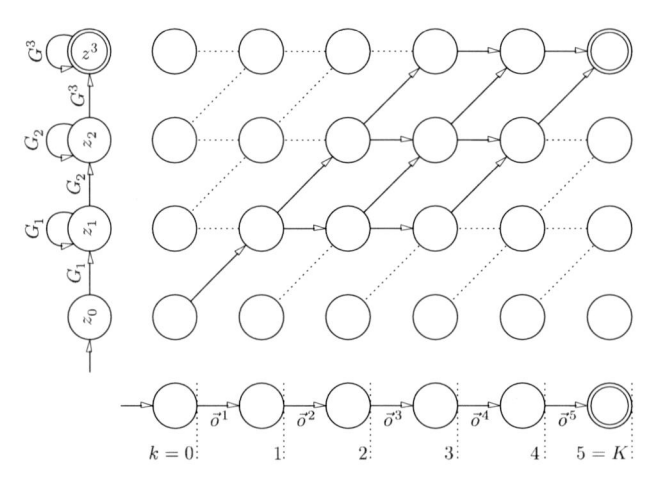

Abb. 3.12. Lattice-Diagramm als kartesisches Produkt des HMM $\mathcal{H}$ und der Merkmalvektorfolge **o** mit allen möglichen Zustandsübergängen. Die gestrichelten Übergänge fallen durch die nachfolgende Zuschneide-Operation weg.

ohne Erklärung als Lattice- oder Trellis-Diagramme (engl. *lattice/trellis structures*) bezeichnet.

Betrachtet man in diesem Graphen einen beliebigen Zustand z, kann eine *Vorwärtswahrscheinlichkeit* g_z^k zum Erreichen dieses Zustands zum Zeitpunkt k über alle möglichen Wege (natürlich der Länge k) vom Start berechnet werden. Dies erfolgt, wie oben erwähnt, rekursiv durch die Nutzung aller zuvor berechneten Vorwärtswahrscheinlichkeiten (zum Zeitpunkt $k-1$) und die ausschließliche Betrachtung der Übergänge zu *einem einzigen* Zeitpunkt. Diese Methode wird als *Vorwärtsalgorithmus* (engl. *forward procedure*) bezeichnet (3.19 a). Sie kann auch einfach in die umgekehrte Richtung ausgeführt werden - in diesem Fall wird sie *Rückwärtsalgorithmus* (engl. *backward procedure*) genannt (3.19 b) – um die *Rückwärtswahrscheinlichkeit* h_z^k zum Erreichen des Graphenendes über alle möglichen Wege, ausgehend vom Zustand z zum Zeitpunkt k, zu berechnen. Sowohl g als auch h spielen eine große Rolle bei der Parameterschätzung im nachfolgenden Abschnitt.[3]

---

[3] Die Bezeichnungen g und h stammen von der üblichen Formulierung der A^*-Suche ($f_z^k = g_z^k \otimes h_z^k$), da sie das gleiche Konzept darstellen.

Da es zwei übliche Interpretationen des Ausdrucks „Wahrscheinlichkeit, einen Zustand zu erreichen" gibt, werden die allgemeinen Additions- und Multiplikationsoperatoren $\oplus$ und $\otimes$ und das Gewicht d benutzt, um den Vorwärts- und Rückwärtsalgorithmus formal zu definieren:

$$g_{z_j}^{k+1} = \bigoplus_{e:z_i z_j} \left[g_{z_i}^k \otimes d(e) \otimes d(\vec{o}^k|G(e)) \right] \quad (3.17)$$

Für die Semiringe aus Tabelle 3.1 können die allgemeinen Formelzeichen und Verknüpfungen entsprechend ersetzt werden. Dabei entstehen die in 3.18 aufgeführten Gleichungen. So ist z. B. je nach Wahl des Semirings eine Darstellung als Vorwärts- und VITERBI-Algorithmus möglich. In jedem Zeitschritt k wird die Wahrscheinlichkeit[4] g_z^k (oft als Forward-Variable[5] bezeichnet) der partiellen Merkmalvektorfolge $\vec{o}^1, \vec{o}^2, \ldots, \vec{o}^k$ im Zustand z berechnet, gegeben das Modell $\mathcal{H}$. Sie ist damit definiert als $g_z^k = d(\vec{o}^1, \vec{o}^2, \ldots, \vec{o}^k, z|\mathcal{H})$.

$$\begin{aligned}
g_{z_j}^{k+1} &= \bigoplus_{e:z_i z_j} \left[g_{z_i}^k \otimes d(e) \otimes d(\vec{o}^k|G(e)) \right] & \text{SR} \\
g_{z_j}^{k+1} &= \sum_{e:z_i z_j} \left[g_{z_i}^k \cdot p(e) \cdot p(\vec{o}^k|G(e)) \right] & \text{Wkt.} \\
g_{z_j}^{k+1} &\approx \max_{e:z_i z_j} \left[g_{z_i}^k \cdot p(e) \cdot p(\vec{o}^k|G(e)) \right] & \text{max.} \\
g_{z_j}^{k+1} &= \bigoplus_{e:z_i z_j} {}_{\log} \left[g_{z_i}^k - \ln p(e) - \ln p(\vec{o}^k|G(e)) \right] & \text{log.} \\
g_{z_j}^{k+1} &\approx \min_{e:z_i z_j} \left[g_{z_i}^k - \ln p(e) - \ln p(\vec{o}^k|G(e)) \right] & \text{trop.}
\end{aligned} \quad (3.18)$$

---

[4] bzw. negative logarithmische Wahrscheinlichkeit im tropischen und logarithmischen Semiring

[5] In der klassischen Darstellung des Vorwärtsalgorithmus [55] entspricht $g \to \alpha$.

1. Initialisierung
   a) $\quad g_z^0 = \begin{cases} \overline{0} & z \notin I \\ \overline{1} & z \in I \end{cases}$
   b) $\quad h_z^K = \begin{cases} \overline{0} & z \notin F \\ \overline{1} & z \in F \end{cases}$

2. Induktion
   für a) $1 \leq k \leq K$ und b) $K \geq k \geq 1$ \hfill (3.19)
   a) $\quad g_{\text{ter}(e)}^k = \bigoplus_e \left[d(e) \otimes d(\vec{o}^k | G(e)) \otimes g_{\text{ini}(e)}^{k-1} \right]$
   b) $\quad h_{\text{ini}(e)}^{k-1} = \bigoplus_e \left[d(e) \otimes d(\vec{o}^{k+1} | G(e)) \otimes h_{\text{ter}(e)}^k \right]$

3. Terminierung
   a) $g(\mathbf{o}|\mathcal{H}) = \bigoplus_{z \in F} g_z^K$
   b) $h(\mathbf{o}|\mathcal{H}) = \bigoplus_{z \in I} h_z^0$

$\overline{0}$ und $\overline{1}$ bezeichnen jeweils die neutralen Elemente der Operatoren $\oplus$ und $\otimes$. Üblicherweise werden $\oplus|\otimes$ durch $+|\cdot$ in (3.19) ersetzt. Wenn $\oplus|\otimes$ durch $\max|\cdot$ ersetzt wird, nennt man (3.19 a) VITERBI-*Algorithmus* [89, 19].[6] Die Werte von $p(\vec{o}|G)$ liegen typischerweise in einem Bereich zwischen e^{-5} und e^{-50} (abhängig von der Dimension M des sekundären Merkmalraums). Multiplikationen vieler derartig kleiner Zahlen, wie in (3.19) erforderlich, sind numerisch kaum durchführbar. Deshalb nutzen tatsächliche Implementierungen von (3.19) die isomorphen logarithmischen Versionen des Vorwärts-/Rückwärts- und VITERBI-Algorithmus (die Isomorphiebeziehung ist $w = -\ln p$). So gibt es letztendlich vier gleichartige Algorithmen, welche sich nur in den Operatoren und den Definitionsbereichen unterscheiden. Mathematisch gesehen, kann das gleiche Problem mit vier verschiedenen algebraischen Strukturen formuliert werden (nämlich mit den *Wahrscheinlichkeits-*, *Max|Mal-*, *logarithmischen* and *tropischen Semiringen*, siehe Tabelle 3.1 und Abbildung 3.5). Der Vorteil besteht darin, dass nur *eine* gemeinsame Formel für alle vier Semiringe angegeben werden kann.

3.2.2 Parameterschätzung

Im Abschnitt 3.2.1 haben wir das Prinzip der Hidden-MARKOV-Modelle betrachtet. Da wir vereinbart haben, dass jedem Zustandsübergang e genau eine GAUSSverteilungsdichtefunktion G zugeordnet wird, können wir $\{\vec{\mu}_e\}$ als Menge der Mittelwertvektoren der Ausgabefunktion, $\{\boldsymbol{\Sigma}_e\}$ als Menge der Kovarianzmatrizen und $\{p(e)\}$ als Menge der Übergangswahrscheinlichkeiten

---
[6] Mit Hilfe der VITERBI-Approximation kann das Optimalitätsprinzip von BELLMAN [5] ausgedrückt werden: Die Wahrscheinlichkeit des besten Weges kann auf lokale optimale Wege zurückgeführt werden.

betrachten. Die Parametermenge eines Hidden-MARKOV-Modells können wir durch

$$G = \{\{\vec{\mu}_e\}, \{\mathbf{\Sigma}_e\}, p(e)\}\} \tag{3.20}$$

ausdrücken. $O = (\vec{o}^1, \vec{o}^2, \ldots, \vec{o}^K)^7$ bezeichnet wieder die Lernstichprobe. Weiterhin wollen wir zwei Variablen γ_e^k und α_e^k definieren, die wir für die nachfolgenden Herleitungen benötigen, wobei wir die in Abschnitt 3.2.1 eingeführten Vorwärts- und Rückwärtswahrscheinlichkeiten g_z^k bzw. h_z^k verwenden. γ_z^k be-

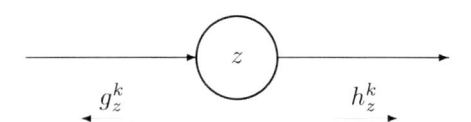

Abb. 3.13. Zustand z mit Vorwärtswahrscheinlichkeit g_z^k und Rückwärtswahrscheinlichkeit h_z^k zum Zeitpunkt k.

zeichnet die Wahrscheinlichkeit, dass ein durchgehender Weg zum Zeitpunkt k den Zustand z benutzt. Abbildung 3.13 verdeutlicht, dass γ_z^k ausschließlich durch die Vorwärts- und Rückwärtswahrscheinlichkeit g_z^k und h_z^k beschrieben werden kann:

$$\gamma_z^k = \left\| \frac{g_z^k \otimes h_z^k}{\bigoplus_z (g_z^k \otimes h_z^k)} \right\|. \tag{3.21}$$

α_e^k ist die Wahrscheinlichkeit, dass ein durchgehender Weg zum Zeitpunkt k

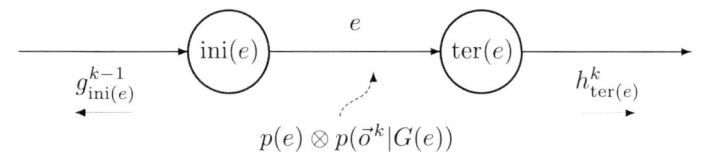

Abb. 3.14. Zustandsübergang e mit Vorwärtswahrscheinlichkeit $g_{\text{ini}(e)}^{k-1}$ und Rückwärtswahrscheinlichkeit $h_{\text{ter}(e)}^k$.

den Zustandsübergang e benutzt[8]. Abbildung 3.14 stellt den Übergang e dar. α_a^k setzt sich aus der Verknüpfung der Vorwärtswahrscheinlichkeit $g_{\text{ini}(e)}^{k-1}$ des Startzustands ini(e) von e, der Rückwärtswahrscheinlichkeit $h_{\text{ter}(e)}^k$ des Zielzustands ter(e) von e und der Wahrscheinlichkeit für e selbst, bestehend aus der

---

[7] Wir betrachten die Lernstichprobe als Verknüpfung aller Merkmalvektoren, die zum Training dienen. Das bedeutet, dass K bei der Parameterschätzung die Anzahl aller betrachteten Vektoren darstellt.

[8] In diesem Zusammenhang ist die Zeit k, in der der Übergang e beschritten wird, identisch mit der Ankunftszeit im Zielzustand ter(e).

Übergangswahrscheinlichkeit $p(e)$ und der GAUSSverteilungsdichtefunktion $p(\vec{o}^k|G(e))$, zusammen:

$$\alpha_e^k = \left\lfloor\!\!\left\lfloor \frac{g_{\text{ini}(e)}^{k-1} \otimes p(e) \otimes p(\vec{o}^k|G(e)) \otimes h_{\text{ter}(e)}^k}{\bigoplus_e \left(g_{\text{ini}(e)}^{k-1} \otimes p(e) \otimes p(\vec{o}^k|G(e)) \otimes h_{\text{ter}(e)}^k\right)} \right\rfloor\!\!\right\rfloor . \quad (3.22)$$

Die Bedeutung des allgemeinen Floor-Operators $\lfloor\!\lfloor \ \rfloor\!\rfloor$ wird am Ende des Abschnitts erläutert.

Um die optimalen Parameter G^* zu finden, verwenden wir Gleichung (3.6). Die zu maximierende Likelihood-Funktion lautet entsprechend Gleichung (3.13):

$$L(G|O) = p(O|G) = \sum_{U \in \mathcal{U}^K} \left[\prod_{e^k \in U} p(e^k) \cdot p(\vec{o}^k|G(e^k)) \right] \to \text{Max}(G)! \quad (3.23)$$

und die Log-Likelihood-Funktion

$$LL(G|O) = \ln p(O|G) \to \text{Max}(G)! \quad (3.24)$$

$$= \ln \left\{ \sum_{U \in \mathcal{U}^K} \left[\prod_{e^k \in U} p(e^k) \cdot p(\vec{o}^k|G(e^k)) \right] \right\} \to \text{Max}(G)!$$

Gleichung (3.24) ist schwer optimierbar, da sie den Logarithmus einer Summe beinhaltet. Daher verwenden wir ein iteratives Verfahren, das aus vorläufigen Parametern G verbesserte Parameter G' berechnet. Diese Verbesserung führt zu einer Vergrößerung der Log-Likelihood:

$$LL(G'|O) \geq LL(G|O) . \quad (3.25)$$

Vereinbarung:

Aufgrund der Übersichtlichkeit werden wir im Folgenden die Parameter der Verteilungsdichte- und der Likelihood-Funktion als Index angeben, z. B. $p_G(O)$ für $p(O|G)$ bzw. $LL_G(O)$ für $LL(G|O)$. Damit hätte Gleichung (3.25) folgendes Aussehen:

$$LL_{G'}(O) \geq LL_G(O). \quad (3.26)$$

Wir führen nun eine zufällige Hilfsgröße z ein, die mit der Lernstichprobe O die BAYES-Formel (siehe Gleichung (2.7)) erfüllt:

$$p_G(z, O) = p_G(z|O) p_G(O). \quad (3.27)$$

Die Bedeutung von z wird im Laufe der Herleitung genauer erläutert. Zunächst benötigen wir z lediglich zur Bildung eines Integrals

$$\int_z p_G(z|O) \, \mathrm{d}z = 1. \quad (3.28)$$

Da dessen Wert Eins ist, können wir Gleichung (3.24) formal um diesen Ausdruck erweitern:

$$LL_G(O) = \ln p_G(O) = \ln p_G(O) \cdot \int_z p_G(z|O) \, \mathrm{d}z. \tag{3.29}$$

Nun stellen wir Gleichung (3.27) nach $p_G(O)$ um, logarithmieren und wenden ein Logarithmengesetz an, dann erhalten wir:

$$\ln p_G(O) = \ln \frac{p_G(z,O)}{p_G(z|O)} = \ln p_G(z,O) - \ln p_G(z|O). \tag{3.30}$$

Das Ergebnis setzen wir in (3.29) ein:

$$LL_G(O) = \Big[\ln p_G(z,O) - \ln p_G(z|O)\Big] \cdot \int_z p_G(z|O) \, \mathrm{d}z. \tag{3.31}$$

Der Ausdruck $\ln p_G(z,O)$ entspricht der Verbund-Log-Likelihood $LL_G(z,O)$ der Stichprobe O und der Hilfsgröße z. Wir ersetzen dies und multiplizieren aus. Außerdem führen wir in dieser Gleichung $Q(G,G)$ und $H(G,G)$ als Abkürzungen für die beiden Integrale ein. Wir werden sie in den nachfolgenden Betrachtungen vorzugsweise verwenden, um eine bessere Lesbarkeit zu erzielen.

$$LL_G(O) = \Big[LL_G(z,O) - \ln p_G(z|O)\Big] \cdot \int_z p_G(z|O) \, \mathrm{d}z \tag{3.32}$$

$$= \underbrace{\int_z p_G(z|O) \, LL_G(z,O) \, \mathrm{d}z}_{Q(G,G)} - \underbrace{\int_z p_G(z|O) \, \ln p_G(z|O) \, \mathrm{d}z}_{H(G,G)}.$$

Wir führen die gleiche Rechnung für die verbesserten Parameter G' aus, wobei wir wie in (3.32) mit dem Integral erweitern, das auf die vorläufigen Parameter G bezogen und dessen Wert Eins ist, und erhalten folgendes Ergebnis:

$$LL_{G'}(O) = \Big[LL_{G'}(z,O) - \ln p_{G'}(z|O)\Big] \cdot \int_z p_G(z|O) \, \mathrm{d}z \tag{3.33}$$

$$= \underbrace{\int_z p_G(z|O) LL_{G'}(z,O) \, \mathrm{d}z}_{Q(G',G)} - \underbrace{\int_z p_G(z|O) \, \ln p_{G'}(z|O) \, \mathrm{d}z}_{H(G',G)}.$$

Um unsere Forderung entsprechend (3.26) zu erfüllen, müsste $LL_{G'}(O)$ größer als $LL_G(O)$ sein. Das kann unter Verwendung von (3.32) und (3.33) wie folgt gezeigt werden:

$$LL_{G'}(O) - LL_G(O) = Q(G', G) - H(G', G) - [Q(G, G) - H(G, G)]$$
$$= Q(G', G) - Q(G, G) + H(G, G) - H(G', G). \quad (3.34)$$

Wir untersuchen den Term $H(G, G) - H(G', G)$:

$$H(G, G) - H(G', G) = \int_z p_G(z|O) \ln p_G(z|O) \, dz - \int_z p_G(z|O) \ln p_{G'}(z|O) \, dz$$

$$= \int_z p_G(z|O) \left[\ln p_G(z|O) - \ln p_{G'}(z|O) \right] dz$$

$$= \underbrace{\int_z p_G(z|O) \ln \frac{p_G(z|O)}{p_{G'}(z|O)} \, dz}_{D_{KL}(p_G \| p_{G'})}. \quad (3.35)$$

Der Ausdruck D_{KL} bezeichnet die KULLBACK-LEIBLER-Divergenz[9]. Sie ist immer größer oder gleich 0. Daher kann Gleichung (3.34) folgendermaßen geschrieben werden:

$$LL_{G'}(O) - LL_G(O) = Q(G', G) - Q(G, G) + \underbrace{D_{KL}(p_G \| p_{G'})}_{\geq 0}. \quad (3.36)$$

Daraus folgt:

$$LL_{G'}(O) - LL_G(O) \geq Q(G', G) - Q(G, G). \quad (3.37)$$

Wenn $Q(G', G) > Q(G, G)$, dann gilt erst recht $LL_{G'}(O) > LL_G(O)$. Wenn wir $Q(G', G)$ maximieren, dann erzielen wir eine größtmögliche Verbesserung von $LL_{G'}(O)$. Wir haben $Q(G', G)$ in Gleichung (3.33) eingeführt:

$$Q(G', G) = \int_z LL_{G'}(z, O) p_G(z|O) \, dz. \quad (3.38)$$

An dieser Stelle soll die Rolle der in (3.28) eingeführten Hilfsgröße z erklärt werden. z repräsentiert eine zufällige Folge $\mathbf{e}$ von Zustandsübergängen e, d. h. $z = \mathbf{e} = (e^1 \ldots e^k \ldots e^K)$[10], wobei e Zufallsvariablen repräsentieren. Damit kann e nur eine endliche Anzahl an Werten annehmen. Folglich können wir (3.38) in folgende Form bringen:

$$Q(G', G) = \sum_{\mathbf{e} \in \mathcal{U}^K} LL_{G'}(\mathbf{e}, O) p_G(\mathbf{e}|O). \quad (3.39)$$

---

[9] Die KULLBACK-LEIBLER-Divergenz ist definiert als
$D_{KL}(P \| Q) = \int_x P(x) \log \frac{P(x)}{Q(x)} \, dx \geq 0$.

[10] Anders ausgedrückt, ist $\mathbf{e}$ ein zufällig gewählter durchgehender Weg und damit Element der Menge $\mathcal{U}^K$, d. h. $\mathbf{e} \in \mathcal{U}^K$.

Wenn **e** eine Folge von zufälligen Zustandsübergängen e ist, dann können wir $LL_{G'}(\mathbf{e}, O)$ wie folgt ausdrücken:

$$LL_{G'}(\mathbf{e}, O) = \ln \prod_{\substack{k=1 \\ e^k \in \mathbf{e}}}^{K} \left[p_{G'}(e^k) \cdot p_{G'}(\vec{o}^k | e^k) \right]. \tag{3.40}$$

Wenn wir (3.40) in (3.39) einsetzen, erhalten wir folgende Gleichung:

$$Q(G', G) = \sum_{\mathbf{e} \in \mathcal{U}^K} \ln \left(\prod_{\substack{k=1 \\ e^k \in \mathbf{e}}}^{K} \left[p_{G'}(e^k) \cdot p_{G'}(\vec{o}^k | e^k) \right] \right) p_G(\mathbf{e} | O). \tag{3.41}$$

Diese Gleichung hat gegenüber (3.24) den entscheidenden Vorteil, dass der Logarithmus nicht mehr über eine Summe, sondern über ein Produkt gebildet werden muss. Durch Anwendung der Logarithmengesetze überführen wir den Ausdruck letztendlich in zwei (umfangreiche) Summanden:

$$\begin{aligned}
Q(G', G) &= \sum_{\mathbf{e} \in \mathcal{U}^K} \sum_{\substack{k=1 \\ e^k \in \mathbf{e}}}^{K} \left[\ln \left(p_{G'}(e^k) \cdot p_{G'}(\vec{o}^k | e^k) \right) \cdot p_G(e^k | \vec{o}^k) \right] \\
&= \sum_{\mathbf{e} \in \mathcal{U}^K} \sum_{\substack{k=1 \\ e^k \in \mathbf{e}}}^{K} \left[\left(\ln p_{G'}(e^k) + \ln p_{G'}(\vec{o}^k | e^k) \right) \cdot p_G(e^k | \vec{o}^k) \right] \\
&= \sum_{\mathbf{e} \in \mathcal{U}^K} \sum_{\substack{k=1 \\ e^k \in \mathbf{e}}}^{K} \left[\ln p_{G'}(e^k) \cdot p_G(e^k | \vec{o}^k) + \ln p_{G'}(\vec{o}^k | e^k) \cdot p_G(e^k | \vec{o}^k) \right] \\
&= \sum_{\mathbf{e} \in \mathcal{U}^K} \sum_{\substack{k=1 \\ e^k \in \mathbf{e}}}^{K} \left[\ln p_{G'}(e^k) \cdot p_G(e^k | \vec{o}^k) \right] \\
&\quad + \sum_{\mathbf{e} \in \mathcal{U}^K} \sum_{\substack{k=1 \\ e^k \in \mathbf{e}}}^{K} \left[\ln p_{G'}(\vec{o}^k | e^k) \cdot p_G(e^k | \vec{o}^k) \right] \tag{3.42}
\end{aligned}$$

Diese Gleichung müssen wir bezüglich der Parameter G' maximieren. Das kann für alle Übergänge getrennt erfolgen, da deren Wahrscheinlichkeiten und GAUSSverteilungsdichtefunktionen unabhängig voneinander sind. Außerdem können beide Summanden separat maximiert werden, da der linke nur von der Übergangswahrscheinlichkeit und der rechte lediglich von den Mittelwerten und Kovarianzmatrizen der GAUSSverteilungsdichtefunktionen abhängt.

Wir betrachten im Folgenden *einen* speziellen Übergang e. Dieser kann in jedem der durchgehenden Wege $\mathbf{e} \in \mathcal{U}^K$ überhaupt nicht, einmal oder mehrmals verwendet worden sein. Wir werden Gleichung (3.42) nun partiell nach den Übergangswahrscheinlichkeiten $p_{G'}(e)$ sowie nach den dem Übergang zugeordneten Mittelwertvektoren $\vec{\mu}(e)$ und Kovarianzmatrizen $\boldsymbol{\Sigma}(e)$ partiell ableiten. Übergangswahrscheinlichkeiten, Mittelwertvektoren und Kovarianzmatrizen anderer Übergänge sind bezüglich dieser Ableitung konstant. Die Summanden mit $e^k \neq e$ entfallen aus diesem Grund. Nach der Ableitung werden also keine e^k mehr erscheinen.

Neuschätzung der Übergangswahrscheinlichkeiten:
Wir betrachten zuerst den linken Summanden, den wir partiell nach der Übergangswahrscheinlichkeit $p_{G'}(e)$ ableiten. $p_G(e^k|\vec{o}^k)$ ist die Wahrscheinlichkeit für den Übergang e bei gegebenem Merkmalvektor $\vec{o}^k$ zum Zeitpunkt k. Damit entspricht $p_G(e^k|\vec{o}^k)$ genau α_e^k aus Gleichung (3.22):

$$\frac{\partial}{\partial p_{G'}(e)} \sum_{\substack{\mathbf{e} \in \mathcal{U}^K}} \sum_{\substack{k=1 \\ e^k \in \mathbf{e}}}^{K} \left[\ln p_{G'}(e^k) \cdot \underbrace{p_G(e^k|\vec{o}^k)}_{\alpha_e^k} \right]. \tag{3.43}$$

Dazu führen wir noch den LAGRANGEschen Multiplikator λ ein, der häufig zur Lösung von Optimierungsproblemen unter Nebenbedingungen eingesetzt wird. Unsere Nebenbedingung besteht darin, dass die Summe der Wahrscheinlichkeiten aller von einem Zustand abgehenden Übergänge gleich Eins ist. Abbildung 3.15 zeigt den Übergang e mit Start- und Zielzustand. Wir bezeich-

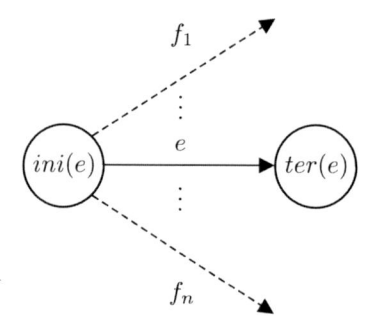

Abb. 3.15. Darstellung paralleler Zustandsübergänge mit dem gleichen Startzustand ini(e).

nen $f_1, \ldots, f_n$ als parallele Übergänge zu e, da sie den gleichen Startzustand ini(e) besitzen. Die Nebenbedingung können wir dann wie folgt formulieren:

$$\sum_{f:\text{ini}(f)=\text{ini}(e)} p_{G'}(f) = 1, \quad \text{d. h. } p_{G'}(f_1) + \ldots + p_{G'}(e) + \ldots + p_{G'}(f_n) = 1.$$
$$\tag{3.44}$$

Unter Verwendung des LAGRANGEschen Multiplikators und der eben formulierten Nebenbedingung (3.44) erweitern wir Gleichung (3.43) und setzen diese Null:

$$\frac{\partial}{\partial p_{G'}(e)} \Big[\sum_{\substack{\mathbf{e} \in \mathcal{U}^K \\ e^k \in \mathbf{e}}} \sum_{k=1}^{K} \ln p_{G'}(e^k) \cdot \alpha_e^k + \lambda \Big(\sum_{f: \mathrm{ini}(f)=\mathrm{ini}(e)} p_{G'}(e) - 1 \Big) \Big] = 0. \quad (3.45)$$

Wir erhalten die Lösung:

$$\sum_{k=1}^{K} \frac{\alpha_e^k}{p_{G'}(e)} + \lambda = 0. \quad (3.46)$$

Der Ausdruck $p_{G'}(e)$ ist von k unabhängig und kann daher vor die Summe gesetzt werden. Außerdem bringen wir λ auf die rechte Seite:

$$\frac{1}{p_{G'}(e)} \sum_{k=1}^{K} \alpha_e^k = -\lambda. \quad (3.47)$$

Nun multiplizieren wir beide Seiten mit $p_{G'}(e)$ und summieren anschließend über $f : \mathrm{ini}(f) = \mathrm{ini}(e)$:

$$\sum_{f: \mathrm{ini}(f)=\mathrm{ini}(e)} \sum_{k=1}^{K} \alpha_e^k = -\lambda \underbrace{\sum_{f: \mathrm{ini}(f)=\mathrm{ini}(e)} p_{G'}(e)}_{=1}. \quad (3.48)$$

Dadurch vereinfacht sich erfreulicherweise die Gleichung, und wir können nach λ umstellen:

$$\lambda = - \sum_{f: \mathrm{ini}(f)=\mathrm{ini}(e)} \sum_{k=1}^{K} \alpha_e^k. \quad (3.49)$$

Diese Lösung setzen wir in (3.47) ein und erhalten eine Schätzformel für die Übergangswahrscheinlichkeit:

$$\frac{1}{p_{G'}(e)} \sum_{k=1}^{K} \alpha_e^k = \sum_{f: \mathrm{ini}(f)=\mathrm{ini}(e)} \sum_{k=1}^{K} \alpha_e^k$$

$$p^*(e) = \frac{\sum_{k=1}^{K} \alpha_e^k}{\sum_{k=1}^{K} \sum_{f: \mathrm{ini}(f)=\mathrm{ini}(e)} \alpha_f^k} = \frac{\sum_{k=1}^{K} \alpha_e^k}{\sum_{k=1}^{K} \gamma_e^k}. \quad (3.50)$$

Neuschätzung der Gaussverteilungsdichten:
Um die Schätzformel für die Mittelwerte herzuleiten, bilden wir die partielle Ableitung des rechten Summanden in (3.42) nach allen Elementen des Vektors

52   3 Stochastische Signalmodelle

$\vec{\mu}_e$ und setzen diesen Null. Außerdem können wir für $p_G(e^k|\vec{o}^k)$ wieder α_e^k schreiben:

$$\frac{\partial}{\partial \vec{\mu}_e}\Big[\sum_{\mathbf{e}\in\mathcal{U}^K}\sum_{\substack{k=1\\e^k\in\mathbf{e}}}^{K} \ln p_{G'}(\vec{o}^k|e^k) \cdot \underbrace{p_G(e^k|\vec{o}^k)}_{\alpha_e^k}\Big] = 0 \qquad (3.51)$$

Wir ersetzen $p_{G'}(\vec{o}^k|e^k)$ durch die GAUSSverteilungsdichte in (3.4):

$$\frac{\partial}{\partial \vec{\mu}_e}\Big[\sum_{\mathbf{e}\in\mathcal{U}^K}\sum_{\substack{k=1\\e^k\in\mathbf{e}}}^{K} \ln\Big(\frac{1}{\sqrt{2\pi^N|\mathbf{\Sigma}_e|}}\,e^{-\frac{1}{2}(\vec{o}^k-\vec{\mu}_e)^\top\mathbf{\Sigma}_e^{-1}(\vec{o}^k-\vec{\mu}_e)}\Big)\alpha_e^k\Big]$$

$$= \frac{\partial}{\partial \vec{\mu}_e}\Big[\sum_{\mathbf{e}\in\mathcal{U}^K}\sum_{\substack{k=1\\e^k\in\mathbf{e}}}^{K}\Big(-\frac{1}{2}\ln(2\pi^N|\mathbf{\Sigma}_e|) - \frac{1}{2}(\vec{o}^k-\vec{\mu}_e)^\top\mathbf{\Sigma}_e^{-1}(\vec{o}^k-\vec{\mu}_e)\Big)\alpha_e^k\Big]$$

$$= \frac{\partial}{\partial \vec{\mu}_e}\Big[\sum_{\mathbf{e}\in\mathcal{U}^K}\sum_{\substack{k=1\\e^k\in\mathbf{e}}}^{K}\Big(-\frac{N}{2}\ln 2\pi - \frac{1}{2}\ln|\mathbf{\Sigma}_e| - \frac{1}{2}(\vec{o}^k-\vec{\mu}_e)^\top\mathbf{\Sigma}_e^{-1}(\vec{o}^k-\vec{\mu}_e)\Big)\alpha_e^k\Big].$$

$$(3.52)$$

Die ersten beiden Summanden in der Klammer sind konstant und entfallen bei der partiellen Ableitung nach $\vec{\mu}_e$. Für die Ableitung des dritten Summanden wird folgende Gleichung verwendet:

$$\frac{\partial x^\top \mathbf{A} x}{\partial x} = 2\mathbf{A}x. \qquad (3.53)$$

Ersetzen wir darin x durch $\vec{o}^k - \vec{\mu}_e$ und $\mathbf{A}$ durch $\mathbf{\Sigma}_e^{-1}$, dann erhalten wir:

$$\frac{\partial(\vec{o}^k - \vec{\mu}_e)^\top \mathbf{\Sigma}_e^{-1}(\vec{o}^k - \vec{\mu}_e)}{\partial \vec{\mu}_e} = 2\mathbf{\Sigma}_e^{-1}(\vec{o}^k - \vec{\mu}_e). \qquad (3.54)$$

Das Ergebnis der partiellen Ableitung von Gleichung (3.52) lautet damit:

$$\sum_{k=1}^{K}\alpha_e^k \mathbf{\Sigma}_e^{-1}(\vec{o}^k - \vec{\mu}_e)) = 0. \qquad (3.55)$$

Wenn $\mathbf{\Sigma}_e^{-1} \neq 0$ gilt, folgt daraus:

$$\sum_{k=1}^{K}\alpha_e^k(\vec{o}^k - \vec{\mu}_e) = 0. \qquad (3.56)$$

Ausmultiplizieren und Umsortieren ergibt:

$$\sum_{k=1}^{K} \alpha_e^k \vec{o}^k = \sum_{k=1}^{K} \alpha_e^k \vec{\mu}_e. \tag{3.57}$$

Da $\vec{\mu}_e$ von k unabhängig ist, können wir es vor die Summe setzen und anschließend umstellen. Dann erhalten wir die Schätzformel für $\vec{\mu}_e$:

$$\vec{\mu}_e^* = \frac{\sum_k \alpha_e^k \vec{o}^k}{\sum_k \alpha_e^k}. \tag{3.58}$$

Um die Schätzformel für die Kovarianzmatrix $\boldsymbol{\Sigma}_e$ zu ermitteln, verwenden wir einen Trick. Wir bestimmen nicht die partiellen Ableitungen nach allen Elementen von $\boldsymbol{\Sigma}_e$, sondern nach den Elementen der inversen Kovarianzmatrix $\boldsymbol{\Sigma}_e^{-1}$:

$$\frac{\partial}{\partial \boldsymbol{\Sigma}_e^{-1}} \Bigg[\sum_{\mathbf{e} \in \mathcal{U}^K} \sum_{\substack{k=1 \\ e^k \in \mathbf{e}}}^{K} \ln\left(\frac{1}{\sqrt{2\pi^N |\boldsymbol{\Sigma}_e|}} \, \mathrm{e}^{-\frac{1}{2}(\vec{o}^k - \vec{\mu}_e)^\top \boldsymbol{\Sigma}_e^{-1} (\vec{o}^k - \vec{\mu}_e)} \right) \underbrace{p_G(e^k | \vec{o}^k)}_{\alpha_e^k} \Bigg]$$

$$= \frac{\partial}{\partial \boldsymbol{\Sigma}_e^{-1}} \Bigg[\sum_{\mathbf{e} \in \mathcal{U}^K} \sum_{\substack{k=1 \\ e^k \in \mathbf{e}}}^{K} \left(-\frac{N}{2} \ln 2\pi - \frac{1}{2} \ln |\boldsymbol{\Sigma}_e| - \frac{1}{2} (\vec{o}^k - \vec{\mu}_e)^\top \boldsymbol{\Sigma}_e^{-1} (\vec{o}^k - \vec{\mu}_e) \right) \alpha_e^k \Bigg]. \tag{3.59}$$

$p_G(e^k|\vec{o}^k)$ ersetzen wir wieder durch α_e^k. Mit der Herleitung in (A.1.1) erhalten wir:

$$= \frac{\partial}{\partial \boldsymbol{\Sigma}_e^{-1}} \Bigg[\sum_{\mathbf{e} \in \mathcal{U}^K} \sum_{\substack{k=1 \\ e^k \in \mathbf{e}}}^{K} \left(-\frac{N}{2} \ln 2\pi + \frac{1}{2} \ln |\boldsymbol{\Sigma}_e^{-1}| - \frac{1}{2} (\vec{o}^k - \vec{\mu}_e)^\top \boldsymbol{\Sigma}_e^{-1} (\vec{o}^k - \vec{\mu}_e) \right) \alpha_e^k \Bigg]. \tag{3.60}$$

Der weitere Rechenweg wird in der Literatur unterschiedlich dargelegt. Ignoriert man, dass $\boldsymbol{\Sigma}_e^{-1}$ symmetrisch ist (wie [90]), ist die Rechnung deutlich vereinfacht, wie die folgenden Schritte zeigen. Der kompliziertere Rechenweg unter der Annahme einer symmetrischen Matrix ist unter A.1.2 erläutert. Beide Wege liefern das gleiche Ergebnis.

Der erste Summand entfällt bei der Ableitung, da er konstant ist. Für den zweiten Summanden muss der Logarithmus einer Matrix partiell nach der Matrix abgeleitet werden. Dazu verwenden wir die Gleichung

$$\frac{\partial |\mathbf{A}|}{\partial \mathbf{a_{i,j}}} = \tilde{\mathbf{a}}_{\mathbf{i,j}} \tag{3.61}$$

aus [18], wobei $\tilde{\mathbf{a}}_{\mathbf{i,j}}$ den *Kofaktor* oder die *Adjunkte* des Elements $\mathbf{a_{i,j}}$ von $\mathbf{A}$ bezeichnet. Führt man in (3.61) den Logarithmus ein, erhalten wir folgende Lösung (siehe [60]):

$$\frac{\partial \ln |\mathbf{A}|}{\partial \mathbf{a_{i,j}}} = \frac{\tilde{\mathbf{a}}_{i,j}}{|\mathbf{A}|} = \left(\mathbf{A}^\top\right)^{-1}. \tag{3.62}$$

In unserem Fall wollen wir den Logarithmus der inversen Kovarianzmatrix partiell nach allen Elementen der inversen Kovarianzmatrix ableiten, d. h. wir müssen $\mathbf{A}$ in (3.62) durch $\boldsymbol{\Sigma}_e^{-1}$ ersetzen:

$$\frac{\partial \ln |\boldsymbol{\Sigma}_e^{-1}|}{\partial \boldsymbol{\Sigma}_e^{-1}} = \frac{\tilde{\sigma}_{i,j}}{|\boldsymbol{\Sigma}_e^{-1}|} = \left(\left(\boldsymbol{\Sigma}_e^{-1}\right)^\top\right)^{-1} = \left(\left(\boldsymbol{\Sigma}_e^{-1}\right)^{-1}\right)^\top = \boldsymbol{\Sigma}_e^\top. \tag{3.63}$$

Für die Ableitung des dritten Summanden verwenden wir aus [18]:

$$\frac{\partial x^\top \mathbf{A} x}{\partial \mathbf{A}} = xx^\top. \tag{3.64}$$

Wenn wir für x den Ausdruck $\vec{o}^k - \vec{\mu}_e$ und für $\mathbf{A}$ wieder $\boldsymbol{\Sigma}_e^{-1}$ benutzen, erhalten wir:

$$\frac{\partial (\vec{o}^k - \vec{\mu}_e)^\top \boldsymbol{\Sigma}_e^{-1} (\vec{o}^k - \vec{\mu}_e)}{\partial \boldsymbol{\Sigma}_e^{-1}} = (\vec{o}^k - \vec{\mu}_e)(\vec{o}^k - \vec{\mu}_e)^\top. \tag{3.65}$$

Wir wenden (3.63) und (3.65) auf (3.60) an und setzen das Resultat gleich Null:

$$\frac{1}{2}\sum_{k=1}^{K} \alpha_e^k \boldsymbol{\Sigma}_e^\top - \frac{1}{2}\sum_{k=1}^{K} \alpha_e^k (\vec{o}^k - \vec{\mu}_e)(\vec{o}^k - \vec{\mu}_e)^\top = 0. \tag{3.66}$$

Wenn wir nach $\boldsymbol{\Sigma}_e^\top$ umstellen, erhalten wir die Schätzformel:

$$\boldsymbol{\Sigma}_e^\top = \frac{\sum_k \alpha_e^k (\vec{o}^k - \vec{\mu}_e)(\vec{o}^k - \vec{\mu}_e)^\top}{\sum_k \alpha_e^k}. \tag{3.67}$$

Wir transponieren beide Seiten. Dazu müssen wir auf der rechten Seiten den Ausdruck $(\vec{o}^k - \vec{\mu}_e)(\vec{o}^k - \vec{\mu}_e)^\top$ transponieren, was allerdings leicht lösbar ist, da $(xx^\top)^\top = xx^\top$ gilt:

$$\left((\vec{o}^k - \vec{\mu}_e)(\vec{o}^k - \vec{\mu}_e)^\top\right)^\top = (\vec{o}^k - \vec{\mu}_e)(\vec{o}^k - \vec{\mu}_e)^\top. \tag{3.68}$$

Damit erhalten wir die Schätzformel für $\boldsymbol{\Sigma}_e$:

$$\boldsymbol{\Sigma}_e^* = \frac{\sum_k \alpha_e^k (\vec{o}^k - \vec{\mu}_e)(\vec{o}^k - \vec{\mu}_e)^\top}{\sum_k \alpha_e^k}. \tag{3.69}$$

Nachdem wir nun alle Schätzformeln ermittelt haben, wollen wir die Funktion des allgemeinen Floor-Operators $\lfloor \ \rfloor$ aus (3.21) und (3.22) untersuchen: Wesentliche Bedeutung im HMM besitzt die Zuordnung der Merkmalvektoren zu den GAUSSverteilungsdichtefunktionen. Dabei unterscheidet man eine feste ($\alpha = 1$ oder $\alpha = 0$) und eine weiche bzw. unscharfe Zuordnung ($0 \leq \alpha_e^k \leq 1$). In Tabelle 3.3 sind beispielhafte Zuordnungsmatrizen für beide Fälle gegenübergestellt. Während in der linken Matrix jeder Merkmalvektor exakt *einer* GAUSSverteilungsdichtefunktion zugeordnet wird (eine Eins pro Zeile), ist in der rechten jeder Merkmalvektor *jeder* GAUSSverteilungsdichtefunktion mit einer bestimmten Wahrscheinlichkeit zugeordnet. Die Zeilensumme beträgt in jeder Matrix jeweils Eins. Die Wahrscheinlichkeiten selbst (die Werte in den Zellen) entsprechen unserem α_e^k, da jedem Übergang e eindeutig eine GAUSSverteilungsdichtefunktion G zugeordnet ist. Der Zeitindex k stammt vom zugeordneten Merkmalvektor $\vec{o}^k$.

MV	G_1	G_2	G_3	G_4	
$\vec{o}^1$	0	0	1	0	$\sum = 1$
$\vec{o}^2$	1	0	0	0	$\sum = 1$
$\vec{o}^3$	0	0	0	1	$\sum = 1$
$\vdots$	$\vdots$	$\vdots$	$\vdots$	$\vdots$	
$\vec{o}^K$	0	1	0	0	$\sum = 1$

MV	G_1	G_2	G_3	G_4	
$\vec{o}^1$	0,1	0,3	0,3	0,3	$\sum = 1$
$\vec{o}^2$	0,2	0,5	0,1	0,2	$\sum = 1$
$\vec{o}^3$	0,3	0,1	0,2	0,4	$\sum = 1$
$\vdots$	$\vdots$	$\vdots$	$\vdots$	$\vdots$	
$\vec{o}^K$	0,1	0,7	0,1	0,1	$\sum = 1$

Tabelle 3.3. Beispiel für eine Zuordnungsmatrix der Merkmalvektoren $\vec{o}^k$ zu den GAUSSverteilungsdichtefunktionen G_i fest (links) und unscharf (rechts). Die Summe der Wahrscheinlichkeiten in jeder Zeile ist immer Eins. Enthalten sind die Werte $\alpha_{G_e}^{\vec{o}^k} = \alpha_e^k$.

Um diese festen oder unscharfen Zuordnungen in (3.22) zu erhalten, wird der allgemeine Floor-Operator wie in Tabelle 3.4, in Abhängigkeit vom verwendeten Semiring, benutzt.

Semiring	Wahrscheinlichkeits-/ logarithmischer	Max|Mal-	tropischer
$\lfloor x \rfloor$	$:= x$	$:= \lfloor x \rfloor$	$:= \begin{cases} 0 : x = 0 \\ \infty : x > 0 \end{cases}$

Tabelle 3.4. Die Bedeutung des allgemeinen Floor-Operators in den Semiringen.

Im Max\|Mal- und im tropischen Semiring garantiert der so definierte Operator, dass γ^k und α^k den Wert $\bar{1}$ nur für den *besten* Zustand und den Zustandsübergang zum Zeitpunkt k annehmen und $\bar{0}$ in allen anderen Fällen. Das bedeutet, jeder durchgehende Weg benutzt zu jedem Zeitpunkt k *genau einen* Zustand und *genau einen* Übergang (siehe Tabelle 3.3). Damit wird jeder Merkmalvektor $\vec{o}^k$ *genau einer* GAUSSverteilungsdichtefunktion G zugeordnet. Das heißt mit anderen Worten, dass nur der beste Weg durch das HMM betrachtet wird. Dieses Paradigma wird VITERBI-*Training* [55] genannt.

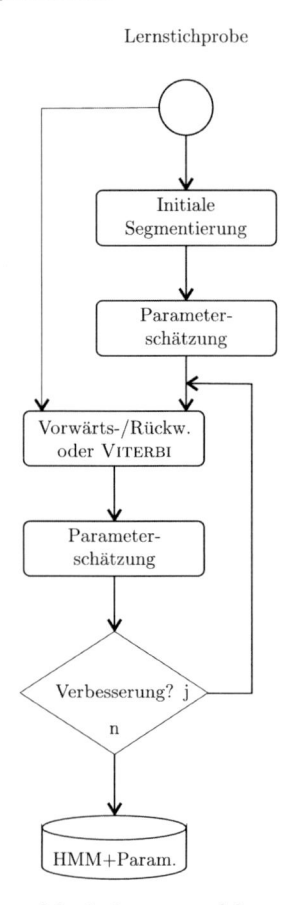

Abb. 3.16. Erwartungswert-Maximierungsverfahren (EM) zum Training eines Hidden-MARKOV-Modells.

Mit Hilfe der gewonnenen Erkenntnisse können wir VITERBI-Training und BAUM-WELCH-Algorithmus in einer gemeinsamen Form zusammenfassen. Damit sind beide Instanzen des EM-Verfahrens. Abbildung 3.16 zeigt eine schematische Darstellung des Ablaufs mit folgenden Schritten:

1. Initiale Segmentierung:
   Im ersten Schritt werden geeignete oder zufällige Startparameter gewählt:
   $G = \{\{\vec{\mu}_e^{(0)}\}, \{\mathbf{\Sigma}_e^{(0)}\}, p(e^{(0)})\}\}.$
   Dafür existieren verschiedene Strategien, z. B. kann eine Gleichverteilung angenommen werden.
2. Parameterschätzung und Vorwärts-/Rückwärts- bzw. VITERBI-Algorithmus:
   Die Neuschätzung der Parameter

$p(e)^{(p+1)}$ (Gleichung (3.50))

$\vec{\mu}_e^{(p+1)}$ (Gleichung (3.58))

$\mathbf{\Sigma}_e^{(p+1)}$ (Gleichung (3.69))

wird mit den Hilfsvariablen

α_e^k (Gleichung (3.22))

γ_z^k (Gleichung (3.21))

sowie mit der Vorwärts- und Rückwärtsvariablen

g_z^k (Gleichung (3.19))

h_z^k (Gleichung (3.19))

durchgeführt.

3. Abbruchtest: $LL(G^{(p+1)}|O) - LL(G^{(p)}|O) > \varepsilon$?
   Wir überprüfen, ob eine genügend große Änderung der Zielfunktion eingetreten ist (ε ist eine entsprechend gewählte, aber positive Zahl), d. h. ob die Log-Likelihood der Lernstichprobe dank der neu ermittelten Parameter vergrößert wurde (siehe 3.25). Ist dies der Fall, wird Schritt 2 erneut durchgeführt. Ein Abbruch wäre auch möglich, wenn eine vorgegebene Anzahl von Iterationen erreicht wurde.

Wir wollen an dieser Stelle noch einmal auf die in Kapitel 1 angesprochenen drei klassischen HMM-Probleme [55] eingehen:

1. Berechnung der Wahrscheinlichkeit einer Merkmalvektorfolge
2. Ermittlung des besten Weges
3. Optimierung der Modellparameter.

Algorithmus (3.19) ermöglicht eine einheitliche Darstellung der Probleme 1 und 2. Bei Wahl des Max/Mal-Halbrings wird Problem 2 gelöst (bester Weg), bei Verwendung des Wahrscheinlichkeitshalbrings dagegen Problem 1 (alle Wege). Man sieht, dass beide Probleme selbstverständlich mathematisch identisch sind. Wir haben außerdem gezeigt, dass sich auch die Paramterschätzverfahren (Problem 3) nur durch die Semiringe unterscheiden (Max/Mal-Halbring $\rightarrow$ VITERBI-Training und Wahrscheinlichkeitshalbring $\rightarrow$ BAUM-WELCH-Algorithmus).

Beziehung zu den GMMs

Ein GAUSSian-Mixture-Modell kann als einfacher Spezialfall eines HMM mit nur zwei Zuständen und verschiedenen Übergängen, welche die Zustände miteinander verbinden (siehe Abbildung 3.17), betrachtet werden. Die Übergangswahrscheinlichkeiten eines solchen Modells sind identisch mit den Mischungsgewichten λ_i des GMM. Dadurch können sie durch das EM-Verfahren, das oben beschrieben wurde, geschätzt werden.

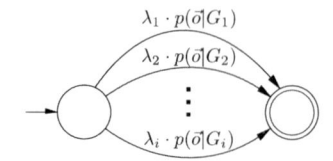

Abb. 3.17. GMM als einfaches HMM ausgedrückt, aus [82].

3.3 Strukturaufdeckung

Bisher sind wir davon ausgegangen, dass die Graphentopologie des HMM vor dem Training festgelegt wird und unverändert bleibt. Das ist auch in den meisten Fällen so. Oft werden dazu einfache Links-Rechts-Strukturen gewählt. Es gibt aber auch Möglichkeiten, die Graphenstruktur während des Trainings zu verändern. Durch eine *Spaltung* (engl. *splitting*) von Zuständen beispielsweise kann der Graph vergrößert werden. Dabei werden neue Übergänge und neue Zustände eingefügt, die zugeordneten GAUSSverteilungsdichtefunktionen übernommen und die Übergangswahrscheinlichkeiten aufgeteilt. Da eine Spaltung zu einem übermäßigen Aufblähen des Graphen führen kann, besteht die Möglichkeit, durch eine sogenannte *Versäuberung* (engl. *pruning*) unwahrscheinliche Übergänge oder nicht benutzte Wege zu löschen. Dabei ist aber Vorsicht geraten. Der Graph könnte nämlich so stark beschädigt werden, dass keine durchgehenden Wege mehr enthalten sind.

F. DUCKHORN entwickelt und untersucht in [10] drei verschiedene Verfahrenstypen zur automatischen Strukturaufdeckung:

- „einfache" Verfahren: Sie erreichen die Strukturveränderung durch eine Komplexitätserhöhung, indem GAUSSverteilungsdichtefunktionen, Zustände oder Übergänge gespalten werden.
- „Kantenpruningverfahren": Diese Verfahren entfernen Übergänge aus dem Graphen, was zu einer Verringerung der Komplexität führt. Die zu entfernenden Übergänge werden entweder durch ein Bewertungsmaß (auf Grundlage der NLLs) oder mithilfe einer Entwicklungsdatenmenge bestimmt.
- „Pfadpruningverfahren": Hier werden nicht nur einzelne Übergänge aus dem Graphen entfernt, sondern es werden durchgehende Wege (also vom Start- zum Endzustand) betrachtet. Durch eine Auswahl bester oder benutzter durchgehender Wege wird ein neuer Automat gebildet, wobei als Auswahlkriterien die der Kantenpruningverfahren dienen.

Tabelle 3.5 enthält eine Übersicht der Verfahren und ihrer prinzipiellen Eigenschaften. Abbildung 3.18 zeigt als Beispiel die automatisch erlernte Signalstruktur des Schaltgeräusches bei einem Magnetventil aus Abbildung 1.2. Um die Strukturaufdeckung erfolgreich durchführen zu können, mussten in jedem Fall mehrere Einzelverfahren aus Tabelle 3.5 kombiniert werden, deren Auswahl vom konkreten Problem abhängt.

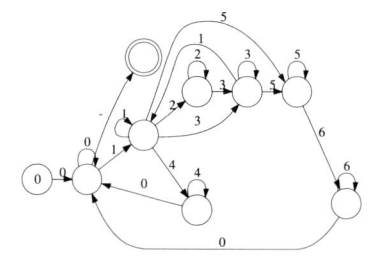

Abb. 3.18. Beispiel für Signalstrukturaufdeckung aus [10]: Bezug nehmend auf Abbildung 1.2, die eine typische Aufzeichnung des Schaltgeräuschs eines Ventils enthält, wird hier die automatisch erlernte symbolische Darstellung der Signalstruktur als endlicher Automat gezeigt. Die Zahlen an den Übergängen bezeichnen akustische Ereignisse (modelliert durch GAUSSverteilungsdichtefunktionen im Merkmalraum). Übergang 1 beschreibt die Signalpausen (E_1 und E_3), die Übergangsfolge 0-1-4-0 kurze Vorimpulse zu Beginn der Aufzeichnung, die Übergangsfolge 0-1-2-3-5-6-0 das Einschaltgeräusch (E_2) und die Übergangsfolge 0-1-5-6-0 das Ausschaltgeräusch (E_4), aus [10].

Verfahren Abschnitt	Anzahl der betroffenen Pfade	Veränderung der Anzahl der Parameter	Mögliche Zerstörung des Graphen	Graph-verlängerung (kürzester Pfad)	Graph-vergrößerung (Komplexität)	Struktur-veränderung	Direkte Abhängigkeit von Größe der Entwicklungsdatenmenge
split	keine	starke Erhöhung (-)	nein (+)	nein (o)	kaum (o)	nicht prinzipiell (o)	(nicht benötigt)
hmm	einige neue (o)	geringe Erhöhung (o)	nein (+)	nein (o)	ja (o)	gering (-)	(nicht benötigt)
prun	sehr viele entfernt (-)	sichere Reduzierung (+)	ja (- -)	sehr selten (+)	keine (++)	gering (-)	nein (+) (für b_m, $b_m^{(N)}$)
prun$_{NE}$	sehr viele entfernt (-)	vorherbestimm-bare Reduzier. (++)	nein (+)	sehr selten (+)	keine (++)	gering (-)	nein (+)
bestn	viele entfernt (o)	je nach Pfad-anzahl N (-)	nein (+)	praktisch nein (o)	mitunter stark (-)	stark (+)	nein (+) (für b_m)
bestn$_{len}$	viele entfernt (o)	je nach Pfad-anzahl N (-)	nein (+)	ja, unabhängig von Daten (- -)	mitunter stark (-)	stark (+)	nein (+) (für b_m)
usedpath	viele entfernt (o)	je nach Daten-anzahl N_O (-)	nein (+)	abhängig von Daten (++)	mitunter sehr stark (- -)	stark (+)	ja (- -)
usedpath$_N$	viele entfernt (o)	je nach Pfad-anzahl N (-)	nein (+)	abhängig von Daten (++)	mitunter stark (-)	stark (+)	nein (+)
uprc	mäßig viele entfernt (+)	sichere Reduzierung (+)	nein (+)	selten (+)	keine (++)	gering (-)	ja (- -)
uprc$_N$	mäßig viele entfernt (+)	vorherbestimm-bare Reduzier. (++)	nein (+)	selten (+)	keine (++)	gering (-)	nein (+)

Tabelle 3.5. Übersicht der von F. DUCKHORN entwickelten und getesteten Strukturaufdeckungsverfahren sowie prinzipieller Eigenschaften (aus [10]).

4
Experimentelle Nachweise

In diesem Kapitel soll untersucht werden, ob das vorgestellte Mustererkennungsverfahren für Anwendungen aus der zerstörungsfreien Prüfung geeignet ist. In Abschnitt 1.2 wurden die Aufgaben der zerstörungsfreien Prüfung, Aussagen über die Qualität eines Produkts oder den Zustand eines Bauteils, einer Maschine oder Anlage zu treffen, bereits genannt. Daher wählten wir typische Anwendungsbeispiele: die Qualitätskontrolle neu gefertigter Bauteile, die Lebensdaueranalyse von Schaltungselementen in sicherheitsrelevanten Bereichen und die Zustandsüberwachung von Flugzeugbauteilen. Tabelle 4.1 enthält eine Auflistung der durchgeführten Experimente und einen Verweis auf den Abschnitt, in dem sie beschrieben sind.

Technik	Experiment	Abschnitt
Qualitätskontrolle	Zahnräder	4.2
	Zahnräder Mikrofehler	4.3
Lebensdaueranalyse	Magnetventile	4.4
Zustandsüberwachung	Flugzeugbauteile Aluminium	4.5.1
	Flugzeugbauteile CFK	4.5.2

Tabelle 4.1. Übersicht über die Experimente.

Zu Beginn jedes Abschnitts ist eine tabellarische Übersicht enthalten, die neben einem Bild eines typischen Prüflings die Versuchsaufgabe, den experimentellen Aufbau und das verwendete Verfahren kurz erläutert. Bereits vorliegende Ergebnisse, die mit anderen Verfahren bzw. Klassifikatoren im IZFP-D erzielt wurden, dienten als Vergleichsexperimente und sind mit Hinweis auf die entsprechende Literatur erläutert.

4.1 Datenbasen

Eine wesentliche Voraussetzung für die Entwicklung und Erprobung statistischer Klassifikationsverfahren und die Durchführung der Experimente ist die Erfassung aller relevanten Daten in Signaldatenbasen. Nur wenn alle Eigenschaften der Prüfobjekte, die Auswertungsergebnisse und Umgebungsparameter protokolliert, zusammengefasst und archiviert werden, ist es möglich, Experimente nachzuvollziehen. Für die geplanten Anwendungsszenarien wurden drei Datenbasen angelegt:

- Qualitätskontrolle (sintermetallurgische Zahnräder) ca. 329 MB
- Lebensdaueranalyse (Magnetventile) ca. 58 GB
- Zustandsüberwachung (Flugzeugbauteile) ca. 35 GB.

Tabelle 4.2 enthält Details. Zusätzlich stellen die Dateilisten im Anhang A.2 wichtige Informationen zu den Prüfobjekten, wie Zuordnung, Chargennummer, Beschreibung, bereit. Weiterhin wurden Datenbasen zur Fehlerfrüherkennung an Textilmaschinen (ca. 1 GB), zur Beurteilung und Bewertung von Musikinstrumenten (ca. 2 GB), zur akustischen Überwachung von Eisenbahnrädern (ca. 10 GB) und zur nichtinvasiven Blutdruckmessung am aktiven Menschen (ca. 200 MB) erstellt, welche nicht im Rahmen dieser Arbeit entstanden, aber zum Test und zur Optimierung der Algorithmen genutzt werden konnten. Damit stehen Signaldatenbasen von mehr als 100 GB dauerhaft zur Verfügung.

4.1 Datenbasen

Prüfobjekt	Datenbasis (UASR-Code)	Anzahl Signale	Signal-länge	Sensoren	Mess-strecken	Anregungs-signale	Abtast-frequenz	Frequenz-bereich	Daten-menge	Abschnitt
Qualitätskontrolle										
Zahnräder	izp/cwt1937	1240	65 ms	2	2	sinc	0,25 Ms/s	0–100 kHz	41 MB	4.2
Zahnräder	izfp/miba1	324	32 ms	2	2	chirp	0,25/0,5 Ms/s	0–100 kHz	118 MB	4.3
Zahnräder	izfp/miba2	466	32 ms	2	2	sinc	0,25/0,5 Ms/s	0–100 kHz	170 MB	4.3
Lebensdaueranalyse										
Ventile	izfp/mfv1	12000	32 ms	1	1	–	0,25 Ms/s	0–100 kHz	3,4 GB	4.4
Ventile	izfp/mfv2	100000	63 ms	1	1	–	0,25 Ms/s	0–100 kHz	54,8 GB	4.4
Zustandsüberwachung										
Flugzeugbauteile	izp/als	532000	0,5 ms	8	56	RICKERS	6,25 Ms/s	0–600 kHz	4,12 GB	4.5.1
Flugzeugbauteile	izp/cfk	924000	1 ms	12	132	RICKERS/sinc	4,16 Ms/s	0–500 kHz	31 GB	4.5.2

Tabelle 4.2. Übersicht über Signaldatenbasen.

4.2 Qualitätskontrolle von Zahnrädern

Versuchsaufgabe	Qualitätskontrolle von Zahnrädern mittels Gut-Schlecht-Analyse
Art des Fehlers	Riss (Außen-, Stegriss)
Prüfling	
Versuchsaufbau	Vorrichtung zur definierten Anregung mit Ultraschallimpulsen; Aufzeichnung der Reaktion des Bauteils auf das Anregungssignal („akustische Signatur") [20], siehe Abbildung 4.1
Anzahl der Sensoren	1 Sender und 2 Empfänger
Anregung	SINC-Funktion mit 250 kHz
Messprinzip	aktiv
Anzahl der Proben	620 (davon 602 gute und 18 schlechte), siehe Tabelle A.1
Verfahren	
* Primäranalyse	Kurzzeit-Leistungsspektrum (1024 Koeffizienten)
* Sekundäranalyse	Vektorstandardisierung, Hauptkomponentenanalyse, Dimensionsreduktion (24 Komponenten)
* Klassifikator	HMM (ein Modell für gute Teile, Experiment 4.2.2)
Vergleichsverfahren	korrelationskoeffizientenbasierter Klassifikator (Experiment 4.2.1)
Literaturverweise	[20, 75, 71, 76, 74, 73, 72, 91, 96]

Tabelle 4.3. Qualitätskontrolle von Zahnrädern.

Die automatisierte Klassifikation von sintermetallurgischen Bauelementen, z. B. von Zahnrädern, dient der Qualitätskontrolle während des Produktionsprozesses. Beim Sintern wird ein Pulvergemisch geformt, gepresst und anschließend wärmebehandelt. Folgende Fehler können dabei entstehen: Risse (radial oder in der Verzahnung), fehlende, ab- und angebrochene Zähne, Lunker oder kleine Ausbrüche. Die schadhaften Zahnräder sollen durch eine nachfolgende Prüfung erkannt und aus dem Produktionsprozess eliminiert werden. Dafür wurde im IZFP-D ein Signaturanalysesystem entwickelt, das in die Produktionskette integriert wird [20]. Dieses System enthält eine Aktuator-

Sensor-Einheit, die aus einem Aktuator (auch Aktor) zur Anregung und zwei Sensoren (Sensor A und B) zur Signalaufnahme besteht. Das Zahnrad wird direkt nach dem Sintervorgang über ein Förderband zur Einheit transportiert, auf dieser Einheit gelagert, angehoben und geprüft. Dazu gibt der Aktuator einen definierten Impuls in Form einer SINC-Funktion mit 250 kHz. Diese elektromechanische Anregung bewirkt ein Schwingen des Zahnrads. Die Reaktion des Bauteils auf ein Anregungssignal, die sogenannte Signatur, wird über beide Sensoren, die für zwei verschiedene Frequenzbereiche ausgelegt sind, empfangen und anschließend digitalisiert abgespeichert.[1] Aus jedem Signal wird durch Berechnung des Kurzzeit-Leistungsspektrums ein Spektrogramm erzeugt. Die Spektrogramme bilden die Grundlage für die im Folgenden beschriebenen Experimente.

Bisher erfolgte die Auswertung der Messdaten mit Hilfe von Korrelationskoeffizienten, die aus diesem Grund die Basis für das Experiment 4.2.1 bilden. In 4.2.2 wurden HMMs verwendet. Beide Ergebnisse werden gegenübergestellt.

Für die Untersuchungen standen 620 Zahnräder (602 Gut- und 18 Schlechtteile, siehe Tabelle A.1) zur Verfügung. Teil 611, hier den Gutteilen zugeordnet, wurde bei einer Sichtkontrolle durch den Qualitätsprüfer als Grenzmuster definiert. Aufgrund der unterschiedlichen Fehlertypen der Schlechtteile und der daraus resultierenden verschiedenen Klangbilder empfiehlt es sich nicht, Schlechtmodelle (d. h. Modelle für die einzelnen Fehlerbilder) zu trainieren. Um jedes Zahnrad bewerten zu können, verwendeten wir eine Kreuzvalidierung (siehe Abschnitt 2.4). Dafür wurde die in Tabelle A.1 dargestellte Dateiliste per Zufallsgenerator gemischt und in fünf gleiche Teile zerlegt. Nacheinander dienten je vier Fünftel zur Bildung des Referenzmusters bzw. des Gutmodells[2], die restlichen Teile wurden getestet.

Besonders wichtig bei derartigen Qualitätskontrollen ist es, den Abstand zwischen Gut- und Schlechtteilen zu maximieren und dadurch Fehlentscheidungen möglichst auszuschließen. Ansonsten könnten Teile fehlklassifiziert und aussortiert werden, was für die Zahnradhersteller inakzeptabel wäre.

4.2.1 Experiment mit Korrelationskoeffizienten

In diesem Experiment erfolgte die Auswertung mit Hilfe von Korrelationskoeffizienten. Im Anlernprozess wurde durch Mittelung der Einzelspektrogramme ein *Referenzmuster* gebildet, aus dem manuell bis zu vier signifikante Teilspektrogramme (Abbildung 4.2) herausgeschnitten werden können, die für aussagekräftig befunden werden.

In der Testphase wurden zusätzlich zur Untersuchung des gesamten Spektrogramms für jedes Element der Teststichprobe Teilspektrogramme gebildet

---

[1] Da die Daten im niederen Frequenzbereich keine für die Bewertung nützlichen Informationen enthielten, wurde für beide Sensoren nur der obere Bereich betrachtet (im Folgenden AH und BH genannt).

[2] Die schlechten Teile wurden jeweils aus den Listen zum Anlernen entfernt.

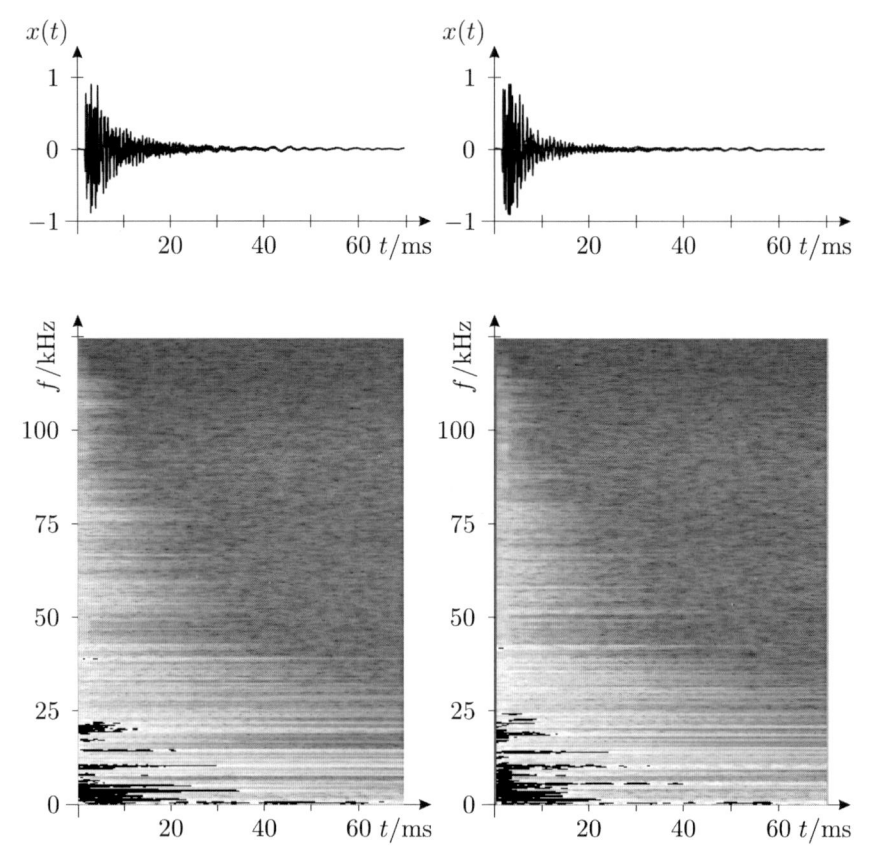

Abb. 4.1. Zeitsignal (oben) und Spektrogramm (unten) eines guten (links, Teilenummer 00000; siehe Tabelle A.1) und eines schlechten Zahnrads (rechts, Teilenummer 00602).

und mit denen des Referenzmusters verglichen. Zur Bewertung wird der Korrelationskoeffizient, der eine Aussage über die wechselseitige Beziehung der (Teil-)Spektrogramme liefert, herangezogen. Für die Ermittlung des Korrelationskoeffizienten K müssen zuerst die Varianzen v_x, v_y und die Kovarianz v_{xy} berechnet werden, wobei x die Referenz, y das Prüfobjekt sowie μ_x und μ_y die zugehörigen arithmetischen Mittelwerte repräsentieren. m und n bedeuten die Zeilen- bzw. Spaltenanzahl der Spektrogramme.

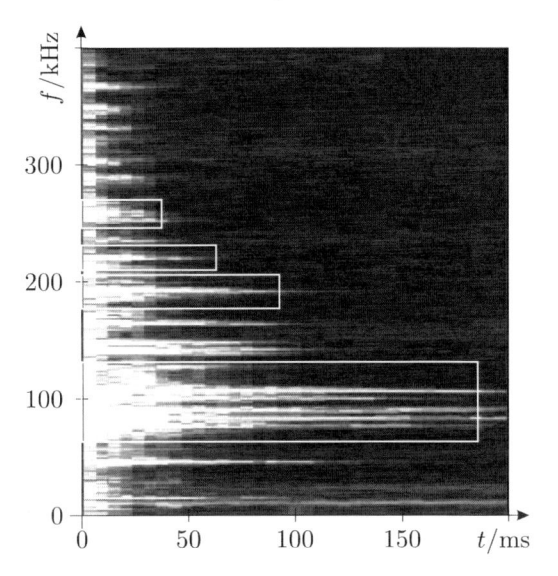

Abb. 4.2. Bildung von Teilspektrogrammen.

$$\begin{aligned}
v_x &= \tfrac{1}{m \cdot n} \sum_{i=1}^{m} \sum_{j=1}^{n} (x_{ij} - \mu_x)^2 \\
v_y &= \tfrac{1}{m \cdot n} \sum_{i=1}^{m} \sum_{j=1}^{n} (y_{ij} - \mu_y)^2 \\
v_{xy} &= \tfrac{1}{m \cdot n} \sum_{i=1}^{m} \sum_{j=1}^{n} (x_{ij} - \mu_x)(y_{ij} - \mu_y) \\
K &= \frac{v_{xy}}{\sqrt{v_x \cdot v_y}}
\end{aligned} \qquad (4.1)$$

Eine gewichtete Verknüpfung zwischen den Koeffizienten beider Sensoren und aller ausgewählten Ausschnitte liefert ein Ergebnis, das einen Wertebereich von [0,1] besitzt (Abbildung 4.3) [20, 76]. Ist der Wert größer als der festgelegte Schwellwert, wird das Bauteil als fehlerfrei bewertet, ansonsten als defekt aussortiert.

Abbildung 4.4 (links) zeigt das Ergebnis der Bewertung für 620 Zahnräder. Bei optimaler Wahl des Schwellwertes werden mindestens 4 Teile falsch klassifiziert. Die Klassengebiete sind nicht getrennt.

4.2.2 Experiment mit HMM

In den Versuchen mit Hidden-MARKOV-Modellen werden zusätzlich zur Lernstichprobe gute und schlechte Teile für die Berechnung der Merkmalstatistik benötigt. Die Mengen der guten Teile aus Lern- und Statistikstichprobe müssen jedoch nicht disjunkt sein.

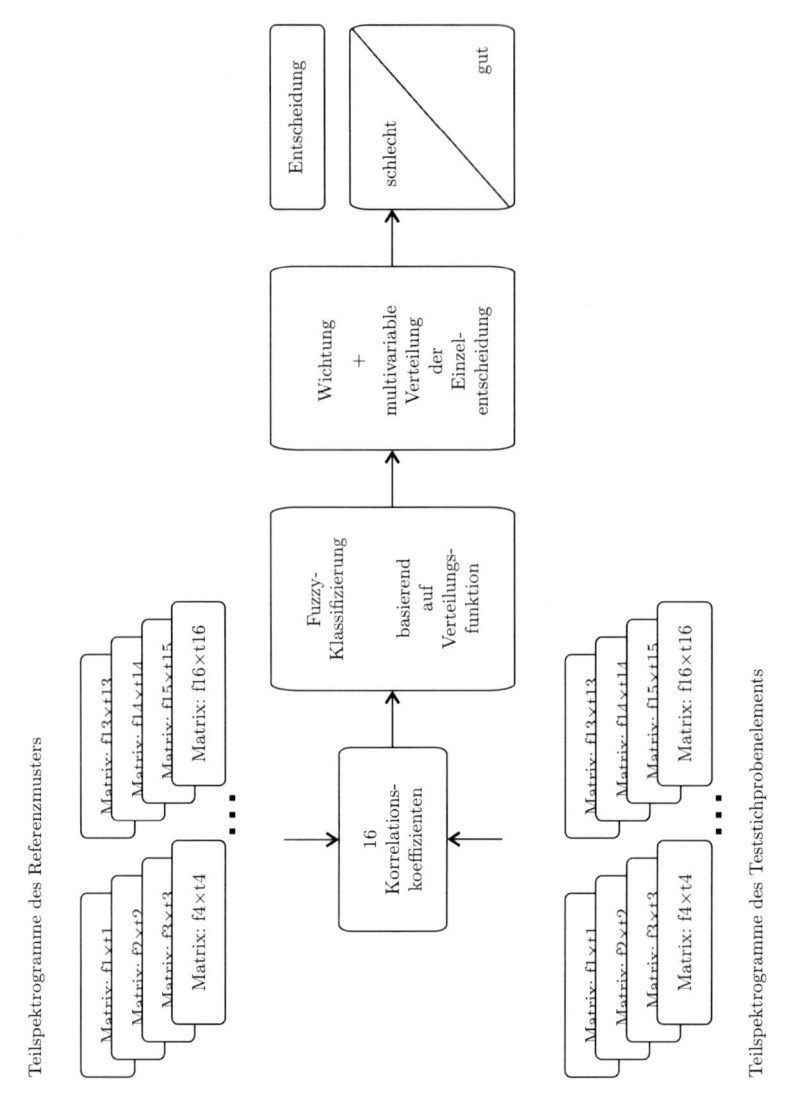

Abb. 4.3. Bewertung der Teilspektrogramme durch Bildung von Korrelationskoeffizienten, Klassifizierung durch Verteilungsfunktionen und Wichtung der Einzelentscheidungen, aus [20].

Bei der Kreuzvalidierung wurde für jede Teilliste ein Gutmodell (HMM mit 10 Zuständen) angelernt. Für die restlichen Elemente wurden die NLLs, bezogen auf das Gutmodell, berechnet.

Die Ergebnisse sind in Abbildung 4.4 auf der rechten Seite dargestellt. Ein Teil wird falsch klassifiziert. Dabei handelt es sich um das Grenzmuster, das sich in der Tat zwischen der Gut- und der Schlechtklasse befindet (siehe oben). Abgesehen davon haben die Klassengebiete einen großen Abstand voneinander, und alle übrigen Teile werden richtig klassifiziert. Im Gegensatz zu Experiment 4.2.2 können HMMs Gut- und Schlechtteile sicher voneinander unterscheiden.

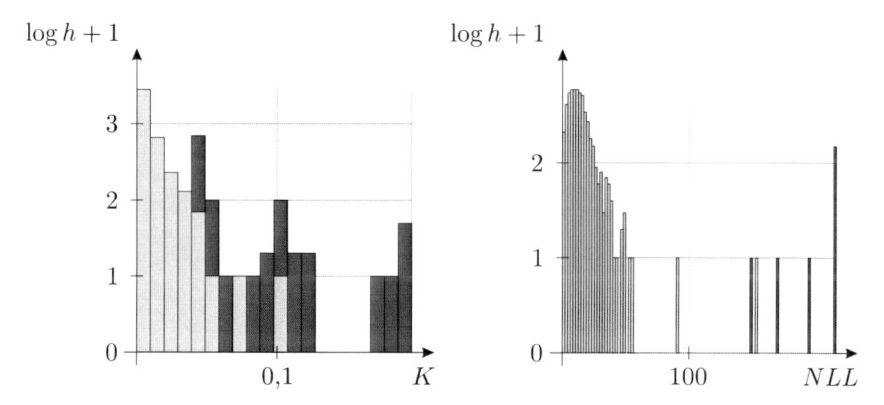

Abb. 4.4. Histogramme der Bewertung von 620 Zahnrädern (601 gut, 18 Ausschuss, 1 Grenzmuster) durch Kreuzvalidierung mittels Korrelationskoeffizienten (links) und mittels HMM (rechts), aus [91].

In einem weiteren Experiment untersuchten wir, ob eine Strukturanpassung ein verbessertes Ergebnis liefern würde. Dazu wählten wir ein HMM (A) mit 10 Zuständen und fester Struktur (Abbildung 4.5, oben). Eine Strukturanpassung nach Abschnitt 3.3 lieferte das HMM (B) in Abbildung 4.5, unten. Diesmal wurde ein einfaches Training mit 160 Teilen ohne Kreuzvalidierung

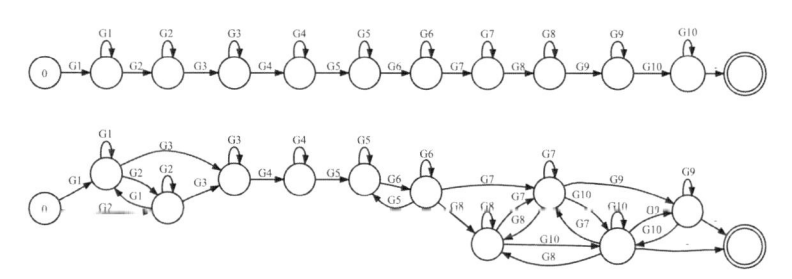

Abb. 4.5. HMM (A) mit 10 Zuständen (oben) und nach der Strukturanpassung (B, unten).

durchgeführt. Wir verwendeten 18 Spektrogramme (9 Gutteile, aus der Lernstichprobe stammend, und 9 Schlechtteile) für die Merkmalstatistik. Die restlichen 451 Teile wurden getestet. Das Ergebnis ist in Abbildung 4.6 dargestellt. Die Erkennungsrate für beide Modelle beträgt 100 % (siehe Tabelle 4.4). Da die Abstände von Gutklasse und minimalem Schlechtteil (bezogen auf Mittelwerte und Standardabweichung) mit B größer als mit A sind, scheint der Klassenabstand durch Strukturlernen tendenziell größer zu werden. Aufgrund der geringen Stichprobengröße für die Schlechtteile ist jedoch keine statistisch gesicherte Aussage möglich.

NLL	A	B
Schwellwert gut-schlecht	50.00	59.00
Klassifikationsfehler	0.0 %	0.0 %
Gutklasse Max.	21.17	28.84
Gutklasse Min.	39.87	47.27
Gutklasse Durchschn.	24.96	32.65
Gutklasse Std.abw.	2.28	2.16
Schlechtteile Max.	54.01	64.67
Schlechtteile Min.	147.61	124.20
Klassenabstand abs.	14.13	17.40

Tabelle 4.4. Vergleich der Experimente mit HMM mit fester Struktur (A) und HMM mit Strukturanpassung (B) anhand der NLLs.

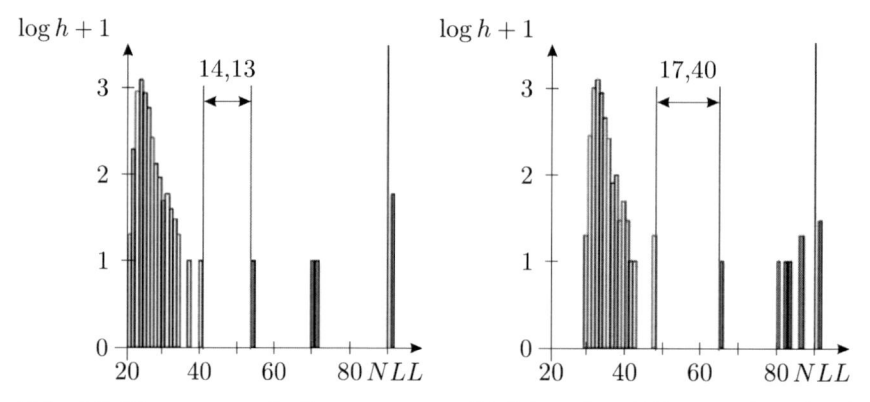

Abb. 4.6. Histogramme der Bewertung von 451 Zahnrädern (442 gut, 9 Ausschuss) durch ein herkömmliches HMM (A, links) und ein HMM mit erlernter Topologie des versteckten Automaten (B, rechts, siehe 3.2.3) anhand der NLLs). Der Klassenabstand aus Tabelle 4.4 ist jeweils eingetragen.

4.3 Qualitätskontrolle von Zahnrädern mit Mikrofehlern

Versuchsaufgabe	Qualitätskontrolle von Zahnrädern mittels Gut-Schlecht-Analyse
Art des Fehlers	Risse (Außen-, Stegriss), ab- und angebrochene Zähne und Mikrofehler
Prüfling	
Versuchsaufbau	Vorrichtung zur definierten Anregung mit Ultraschallimpulsen; Aufzeichnung der Reaktion des Bauteils auf das Anregungssignal („akustische Signatur") [20], siehe Abbildung 4.7
Anzahl der Sensoren	1 Sender und 2 Empfänger
Anregung	SINC-Funktion mit 100 kHz
Messprinzip	aktiv
Anzahl der Proben	233 (davon 213 gute und 20 schlechte), siehe Tabelle A.2 (Abschnitte 4.3.1 und 4.3.2)
	162 (davon 126 gute und 36 schlechte), siehe Tabelle A.3 (Abschnitt 4.3.3)
Verfahren	
* Primäranalyse	Kurzzeit-Leistungsspektrum (1024 Koeffizienten)
* Sekundäranalyse	Vektorstandardisierung, Hauptkomponentenanalyse, Dimensionsreduktion (24 Komponenten)
* Klassifikator	HMM (ein Modell für gute Teile)
Vergleichsverfahren	–
Literaturverweise	[77, 94]

Tabelle 4.5. Qualitätskontrolle von Zahnrädern mit Mikrofehlern.

Im Experiment wurde eine Gut-/Schlechtanalyse gesinterter Zahnräder eines anderen Herstellers durchgeführt. Dazu verwendeten wir den gleichen Versuchsaufbau wie in Abschnitt 4.2. Da die Abmessungen der Prüflinge deutlich kleiner als in 4.2 waren, wurde lediglich der Sensorabstand verkleinert. Die Prüfaufgabe gestaltete sich als besonders schwierig, da hier nicht nur grobe

Fehler, wie Risse oder Zahnabbrüche, sondern auch Mikrofehler (z. B. winzige Lunker oder geringfügige Kontaminationen des Rohmaterials) zu finden waren. Der Zahnradhersteller stellte zu zwei Zeitpunkten jeweils eine Auswahl von Zahnrädern unterschiedlicher Chargen zur Verfügung (1. Menge: 233 Teile, siehe Tabelle A.2, und 2. Menge: 162 Teile, siehe Tabelle A.3). Einige Bauteile sind in beiden Mengen vorhanden. Da nicht gewährleistet ist, dass die Messungen beider Mengen unter den gleichen Umgebungsbedingungen stattfanden, wäre ein Mischen der Messergebnisse beider Mengen nicht sinnvoll. Sie werden aus diesem Grund getrennt ausgewertet.

Aufgrund der unterschiedlichen Fehlerarten und der geringen Anzahl von Vertretern eines Fehlertyps war es auch hier nicht sinnvoll, Schlechtmodelle zu trainieren.

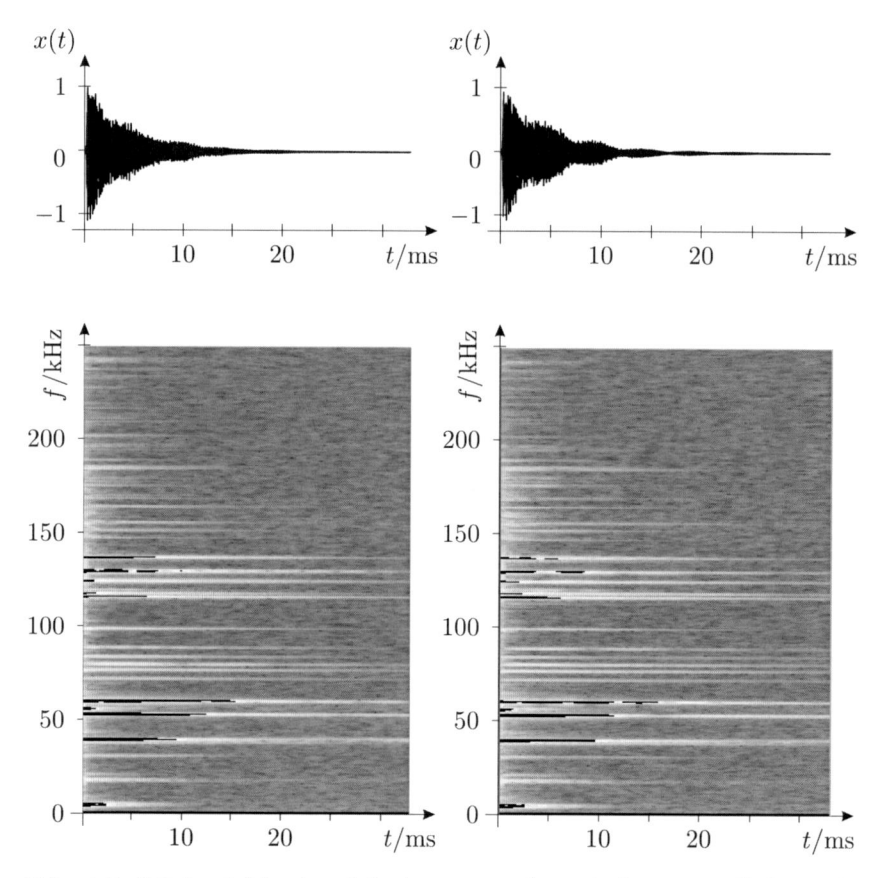

Abb. 4.7. Zeitsignal (oben) und Spektrogramm (unten) eines guten (links, Teilenummer 00468; siehe Tabelle A.2) und eines schlechten Zahnrads (rechts, Teilenummer 00004).

4.3.1 Experiment mit Gutmodell aus verschiedenen Chargen

93 Teile der Chargen 7, 11, 12 wurden zum Training der Gutklasse und für die Merkmalstatistik verwendet. Abbildung 4.8 zeigt die NLLs der getesteten Teile. Die Erkennungsrate beträgt 90 %. Es ist deutlich erkennbar, dass Teile der Chargen 7, 9, 11, 12 (Abbildung 4.8, links) als gut bewertet werden, aber sowohl die Schlechtteile (Abbildung 4.8, rechts) als auch die guten Teile aus Charge 0 (Abbildung 4.8, mittlerer Abschnitt) stark vom Modell abweichen. Dieses Ergebnis verdeutlicht die Wichtigkeit, eine repräsentative Auswahl an Gutteilen zu treffen, die möglichst das gesamte Spektrum beinhaltet.

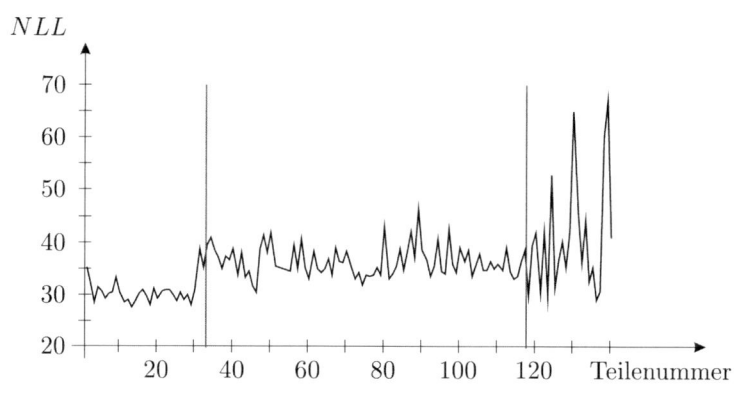

Abb. 4.8. Akustische Bewertung von Zahnrädern aus den Chargen 7, 9, 11, 12 (Gutteile, linker Abschnitt), der Charge 0 (Gutteile mittlerer Abschnitt) sowie von Schlechtteilen (rechter Abschnitt).

4.3.2 Experiment mit Gutmodell aus einer Charge

In einem weiteren Experiment wurden ausschließlich Teile einer einzigen Charge, der Charge 0, für die Bildung der Gutklasse und für die Merkmalstatistik verwendet. Abbildung 4.9 zeigt die Bewertung von Teilen aller Chargen durch dieses Modell. Andere Teile der Charge 0 werden damit als gut bewertet. Da Schlechtteile *und* Teile anderer Chargen gleichermaßen als schlecht eingestuft werden, sind sie voneinander nicht unterscheidbar. Diese Ergebnisse zeigen deutlich, dass das Verfahren in der Lage ist, den Klang der Zahnräder zu beschreiben und ähnliche Bauteile zu erkennen. Die akustischen Eigenschaften der Bauteile variieren von Charge zu Charge. Es müssen daher individuelle Klangmodelle für Gutteile jeder Charge gebildet werden (Abbildung 4.9 mit Gutmodell aus Charge 0). Vergleichbare Chargen können dabei das gleiche Modell verwenden.

74   4 Experimentelle Nachweise

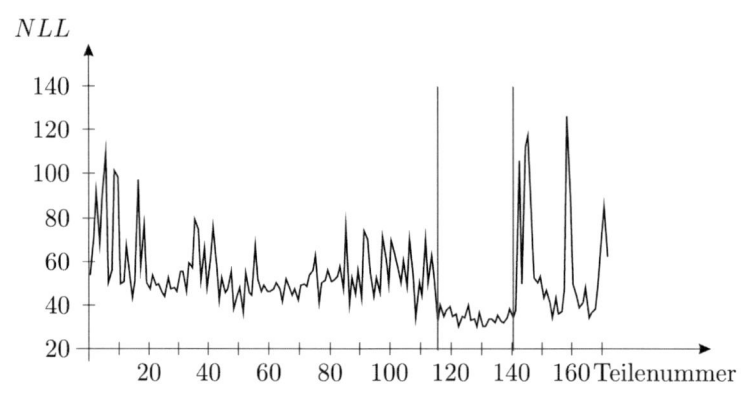

Abb. 4.9. Klassifikationsergebnis bei Verwendung einer Lernstichprobe, bestehend aus Gutteilen der Charge 0. Andere Teile der Charge 0 (mittlerer Abschnitt) werden als gut bewertet. Gutteile anderer Chargen (linker Abschnitt) weichen genauso ab wie Schlechtteile (rechter Abschnitt) und sind somit nicht von diesen unterscheidbar.

4.3.3 Experiment mit Metaklassifikation

Für die Auswertung der Datenliste aus Tabelle A.3, die der zweiten Menge an Bauteilen entspricht, wurden 94 Teile zum Anlernen und für die Merkmalstatistik verwendet. Die Testergebnisse für die restlichen 68 Teile, getrennt für beide Sensoren, zeigt Abbildung 4.10. Bei einer angestrebten Fehlakzeptanz von 0 % liegt die Erkennungsrate für Sensor A bei 85 % bzw. bei Sensor B bei 69 %.

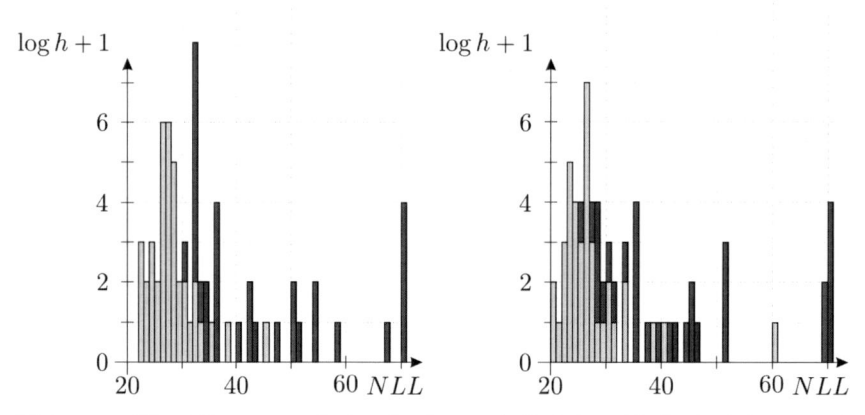

Abb. 4.10. Klassifikationsergebnisse für Sensor A (links) und B (rechts) für 94 Teile aus der Dateiliste in Tabelle A.3 bei Verwendung einer Lernstichprobe, bestehend aus Gutteilen der Chargen. Die Erkennungsrate lag bei 85 % (Sensor A) und 69 % (Sensor B).

Zur Verbesserung der Klassifikationsgenauigkeit könnte eine Metaklassifikation (auch Nach- oder multikriterielle Klassifikation) beitragen [94]. Dabei werden mehrere Klassifikatoren miteinander kombiniert. Zuerst führt jeder Klassifikator einzeln eine Bewertung der Gut- und Schlechtteile durch, danach erfolgt eine Verknüpfung der Einzelentscheidungen zu einer Gesamtentscheidung. Für die Metaklassifikation der Zahnraddaten wurden Teile aus den Chargen 7, 9, 11, 12 verwendet, wobei die Messdaten der Sensoren A und B als Einzelkriterien für die Klassifikation dienten. Abbildung 4.11 zeigt das Ergebnis. Auf der Abszisse sind die NLLs des Sensors A und auf der Ordinate die NLLs des Sensors B abgetragen. Damit kann jedem Bauteil genau ein Datenpunkt zugeordnet werden (♦ - Gutteil oder ■ - Schlechtteil). Weiterhin enthält das Diagramm die hypothetischen Trennfunktionen für die Sensoren A, B und für die Metaklassifikation. Der Klassifikator ist jeweils so eingestellt, dass kein Schlechtteil als gut klassifiziert wird. Damit besitzt er eine Fehlakzeptanzrate (engl. *false acceptance rate, FAR*) von 0 %. Dabei muss in Kauf genommen werden, dass Gut- als Schlechtteile aussortiert werden. Vergleicht man die Anzahl der fälschlicherweise aussortierten Gutteile (Fehlrückweisungsrate, engl. *false rejection rate, FRR*), so ist erkennbar, dass diese von 24 % (Sensor A) bzw. 55 % (Sensor B) mit Hilfe der Metaklassifikation auf 15 % gesenkt werden kann. Wir können also den Abstand zwischen Gut- und Schlechtteilen durch die Metaklassifikation erhöhen. Wie Abschnitt 4.5 zeigen wird, kann auch durch die Verwendung und Verarbeitung mehrerer Messstrecken die Klassifikationsgenauigkeit verbessert werden. Zusätzlich zu den akustischen Messdaten ist auch eine Einbeziehung anderer Messdaten möglich, da die Klassifikationsgenauigkeit wächst, wenn mehr aussagefähige Messdaten zur Verfügung stehen.

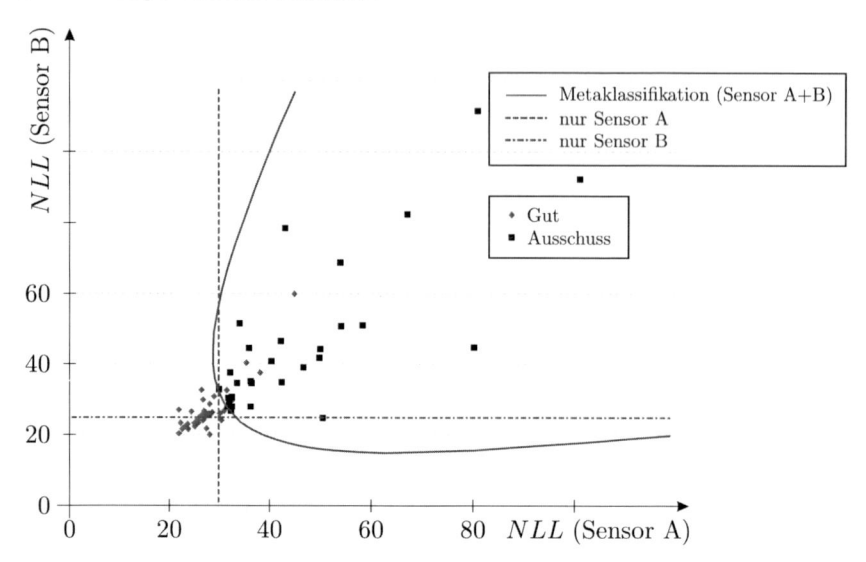

Abb. 4.11. Hypothetische Trennfunktionen für Gut- und Schlechtteile für Sensor A, Sensor B (jeweils gestrichelte Linien) und für die Metaklassifikation (BAYES-Klassifikation, durchgezogene Linie). Sie ermöglichen eine Erkennung aller Schlechtteile (Fehlakzeptanzrate 0 %). Die Fehlrückweisungsrate sinkt von 24 % (nur Sensor A) bzw. 55 % (nur Sensor B) mit Hilfe der Metaklassifikation auf 15 %, aus [94].

4.4 Lebensdaueranalyse von Magnetventilen

Versuchsaufgabe	Lebensdaueranalyse (Abschätzung des Alters und der Restlebensdauer) anhand des Schaltgeräusches eines Magnetventils in unbekanntem Zustand (Ventilhersteller garantiert eine Lebensdauer von 10 Mio. Schaltspielen)
Art des Fehlers	Abnutzung
Prüfling	
Versuchsaufbau	zyklisches Schalten von 8 Magnetventilen auf einer Metallplatte über ein in den Kabelkopf integriertes piezoelektrisches Sensorsystem und Aufzeichnung jedes 2500sten Schaltspiels bei Luft (siehe Abbildung 4.12) und jedes 800sten Schaltvorgangs bei Wasser (siehe Abbildung 4.16)
Anzahl der Sensoren	1 pro Ventil
Anregung	–
Messprinzip	passiv, zyklisches Öffnen und Schließen der Ventile mit einer Frequenz von 1 Hz
Anzahl der Proben	8
Verfahren	
* Primäranalyse	Kurzzeit-Leistungsspektrum (64 Koeffizienten)
* Sekundäranalyse	Vektorstandardisierung, Hauptkomponentenanalyse, Dimensionsreduktion (24 Komponenten)
* Klassifikator	HMM (3 Modelle „Neu", „Mittel" und „Alt" aus je 1000 Aufzeichnungen von 2 Ventilen), Metaklassifikation oder Entscheidungsfusion
Vergleichsverfahren	–
Literaturverweise	[75, 71, 80, 10, 84, 96]

Tabelle 4.6. Lebensdaueranalyse von Magnetventilen.

Beim Einsatz von Ventilen oder anderen mikrofluidischen Bauelementen in sicherheitsrelevanten Bereichen, wie z. B. in Chemieanlagen, spielen Präventionsmaßnahmen eine große Rolle. Um das Gefahrenpotenzial zu minimieren, ist anzustreben, einen bevorstehenden Ausfall frühstmöglich zu erkennen. Dafür ist es hilfreich, die Restlebensdauer abschätzen zu können. Die mechanischen Veränderungen, welche während des Alterungsprozesses auftreten, haben Auswirkungen auf die Schaltgeräusche des Ventils. Deswegen bilden die Schaltgeräusche eine geeignete Datenbasis für die Zustandsbewertung der Ventile. Abbildungen 4.12 und 4.16 zeigen die Signalverläufe eines neuwertigen (links) und eines verschlissenen Ventils (rechts).

Ziel der Experimente war es daher, in einem Dauerversuch Ventile so oft zu schalten, bis sie nicht mehr ordnungsgemäß arbeiteten. Aus den Daten der ausgefallenen Ventile waren Aussagen über die Restlebensdauer der intakten Ventile zu treffen, indem das „gefühlte" Lebensalter dieses Ventils im Unterschied zum tatsächlichen Lebensalter - definiert über die Anzahl der Schaltspiele - geschätzt wurde. Daher sollte eine Aussage in „% der Lebenszeit" getroffen werden.

Wir führten zwei Dauerversuche mit unterschiedlichen Durchflussmedien durch, wobei jeweils acht neuwertige Ventile auf einer Metallplatte angebracht wurden. Die Ventile wurden zyklisch mit einer Frequenz von ca. 1 Hz geöffnet und geschlossen und die dabei entstandenen Schaltgeräusche aufgezeichnet. Um die äußeren Einflüsse auf den Versuch zu minimieren, wurden die Rahmenbedingungen konstant gehalten (Raumtemperatur, geringe Luftverschmutzung, geringe Erschütterungen).

4.4.1 Experiment mit HMM (Medium Luft)

Im ersten Versuch diente Druckluft mit einem Druck von 0,5 bar als Durchflussmedium. Von jedem 2500sten Schaltspiel wurde ein Zeitsignal aufgenommen. Insgesamt wurden maximal 13156 Schaltspiele pro Ventil aufgezeichnet (Tabelle A.4). Die Ventile 2, 3 und 4 fielen bereits zuvor aus. Aus den aufgezeichneten Zeitsignalen erzeugten wir mittels Kurzzeit-Leistungsspektren Spektrogramme.

Zuerst teilten wir die Daten der ausgefallenen Ventile in Abschnitte aus jeweils 1000 Daten ein, die bestimmte Lebensphasen (neu-mittel-alt) repräsentieren (siehe Tabelle A.4). In der Anlernphase wurden Modelle aus verschiedenen Kombinationen für diese Phasen gebildet

- „Neu" (Modell aus neuwertigen Ventilen)
- „Mittel" (Modell aus Ventilen mittlerer Lebenszeit)
- „Alt" (Modell aus alten Ventilen)

und die Daten der anderen Ventile getestet, um deren Zustand zu analysieren. Ein Beispiel ist in Abbildung 4.13 dargestellt. Die Modelle wurden aus Ventil 2 und 3 gebildet, Ventil 6 wurde getestet.

Aus den Untersuchungen konnte die Erkenntnis gezogen werden, dass typischerweise Modell „Mittel" keine Aussagen über den Zustand des Ventils beitragen kann und daher nicht näher betrachtet werden muss.

Nun wollen wir die Eignung der Modelle „Alt" und „Neu" untersuchen. Je älter das Ventil ist, desto unähnlicher ist der Klang dem eines neuen Ven-

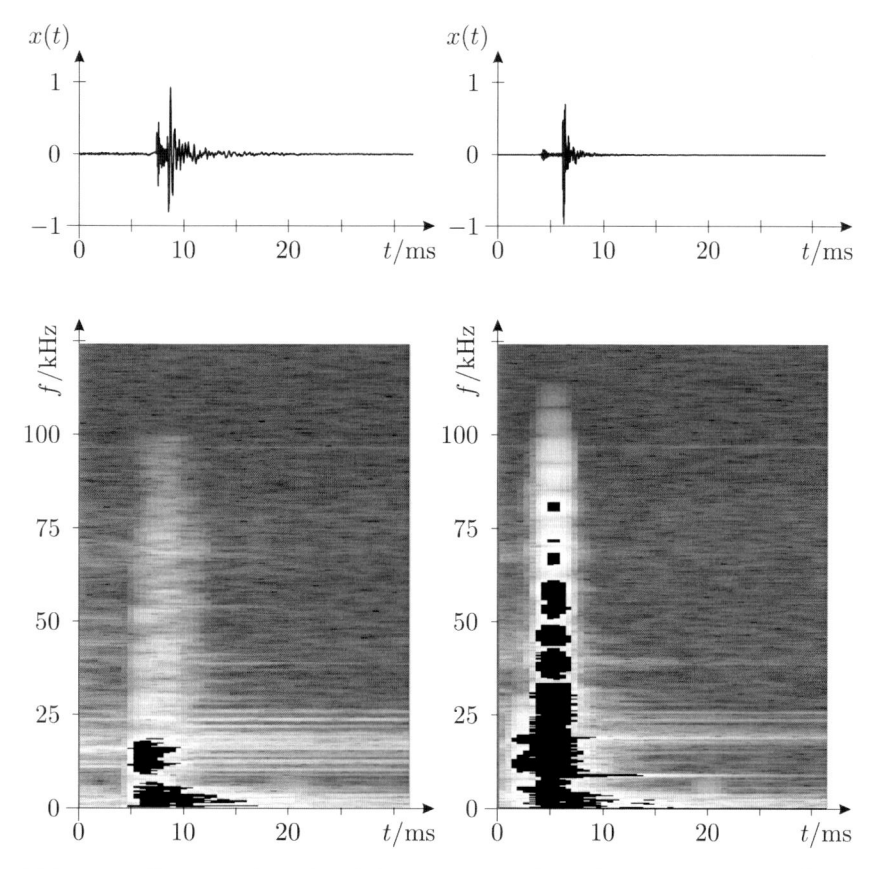

Abb. 4.12. Zeitsignal (oben) und Spektrogramm (unten) eines neuwertigen (links, Aufzeichnungsnummer 00001 des Ventils 2; siehe Tabelle A.4) und eines verschlissenen Ventils (rechts, Aufzeichnungsnummer 06457 des Ventils 2) mit Durchflussmedium Luft.

tils und desto größer ist daher die Abweichung vom Modell „Neu". Weiterhin ist erkennbar, dass sich das Ventil bei größer werdender Anzahl von Schaltspielen dem Modell „Alt" annähert. Wenn man die Differenz aus „Alt" und „Neu" berechnet, liefert dieser Wert die beste Aussage. Ein Beispiel dazu ist in Abbildung 4.14 enthalten (Modell aus Ventil 2 und 3, Test des Ventils 5).

So ist es möglich, aus der Differenz von „Alt" und „Neu" auf die Alterung des Ventils zu schließen. Einen typischen Verlauf des so geschätzten Alters während der Lebenszeit eines Ventils zeigt Abbildung 4.15 bezogen auf die Gesamtlebenszeit von 100 %.

80   4 Experimentelle Nachweise

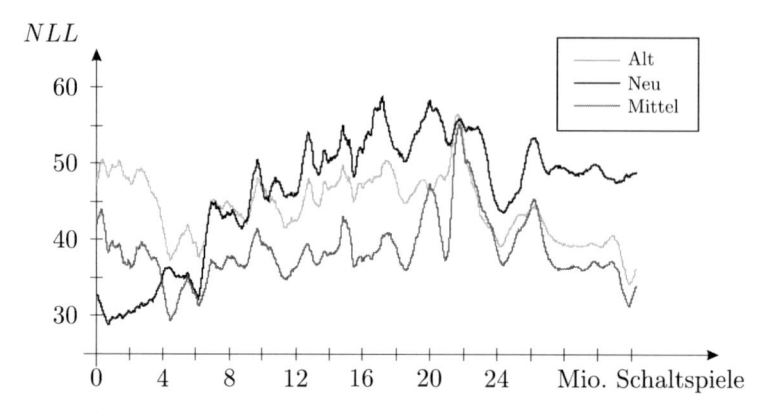

Abb. 4.13. Auswertung des Ventils 6. Die Modelle wurden mit Daten aus Ventil 2 und 3 gelernt. Dargestellt sind die NLLs bezogen auf „Neu", „Mittel" und „Alt".

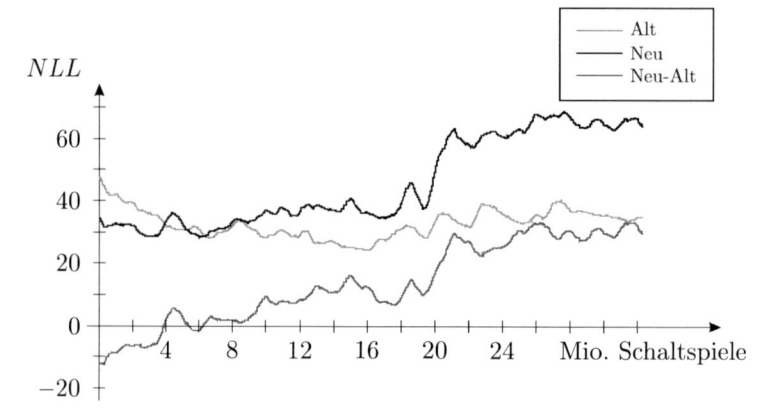

Abb. 4.14. Auswertung des Ventils 5. Die Modelle wurden mit Daten aus Ventil 2 und 3 gelernt. Dargestellt sind die NLLs bezogen auf „Neu" und „Alt". Zusätzlich ist die Differenz aus „Alt" und „Neu" abgetragen.

4.4.2 Experimente mit HMM (Medium Wasser)

In einem weiteren Experiment verwendeten wir Salzwasser als Durchflussmedium. Jedes 800ste Schaltspiel wurde aufgezeichnet (insgesamt 106100 Aufnahmen). Ventile 3, 5 und 7 fielen vorzeitig aus. Tabelle A.5 enthält genaue Angaben.

Wie in Abschnitt 4.4.1 wurden Modelle „Neu", „Mittel" und „Alt" angelernt. Ein Beispiel aus [10] ist in Abbildung 4.17 enthalten. Die auf der Abszisse abgetragenen NLLs wurden dazu geglättet und normiert. Eine große Änderung der Signaleigenschaften scheint bis ca. 2 Millionen Schaltspiele einzutreten, danach sind nur noch geringe Änderungen ersichtlich. Diese Erkennt-

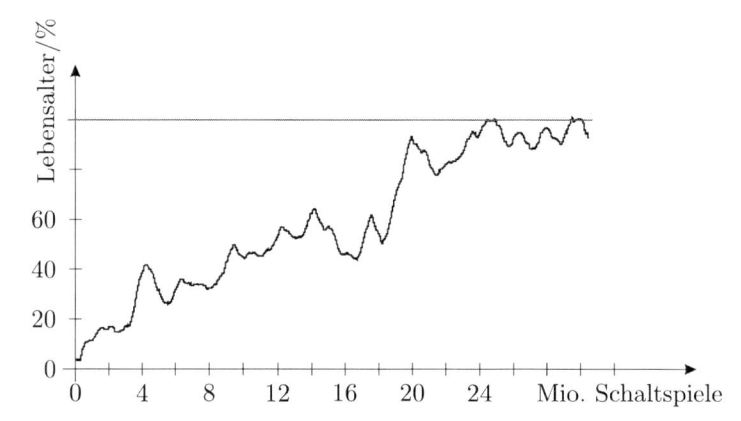

Abb. 4.15. Darstellung des automatisch geschätzten Lebensalters von Ventil 5 (bezogen auf die Gesamtlebenszeit von 100 %) über dem tatsächlichen Alter (Anzahl der Schaltspiele). Grundlage bildeten die Modelle „Neu" und „Alt" der Ventile 2 und 3.

nis könnte auch die Ursache sein, dass sich die Ergebnisse bezogen auf das Modell „Mittel" kaum von denen bezüglich „Alt" unterscheiden.

4.4.3 Experimente mit automatischem Strukturlernen

Die Ventilsignale haben wir bereits in Kapitel 1 vorgestellt, da sie eine deutlich ausgeprägte Signalstruktur besitzen. Daher liegt es nahe, genau an diesem Beispiel Verfahren zur automatischen Strukturaufdeckung zu erproben. F. DUCKHORN führte in [10] verschiedene Experimente nach den in Abschnitt 3.3 vorgestellten Verfahren anhand des Ventils 5 durch. Dabei wurde eine Kombination von Spaltung und Kantenpruning unbenutzter Wege verwendet. Abbildung 4.18 zeigt die Ergebnisse. Angelernt wurden Modelle für die Zustände „Neu", „Mittel" und „Alt". Anhand dieser Modelle erfolgte die Bewertung. Die im Verlaufe der Lebenszeit abnehmende Ähnlichkeit zum mittleren Klang eines neuwertigen Ventils und die zunehmende Ähnlichkeit zum mittleren Klang eines abgenutzten erlaubt hier eine Abschätzung des Alters und somit der Restlebensdauer des Ventils (Abbildung 4.18, unten).

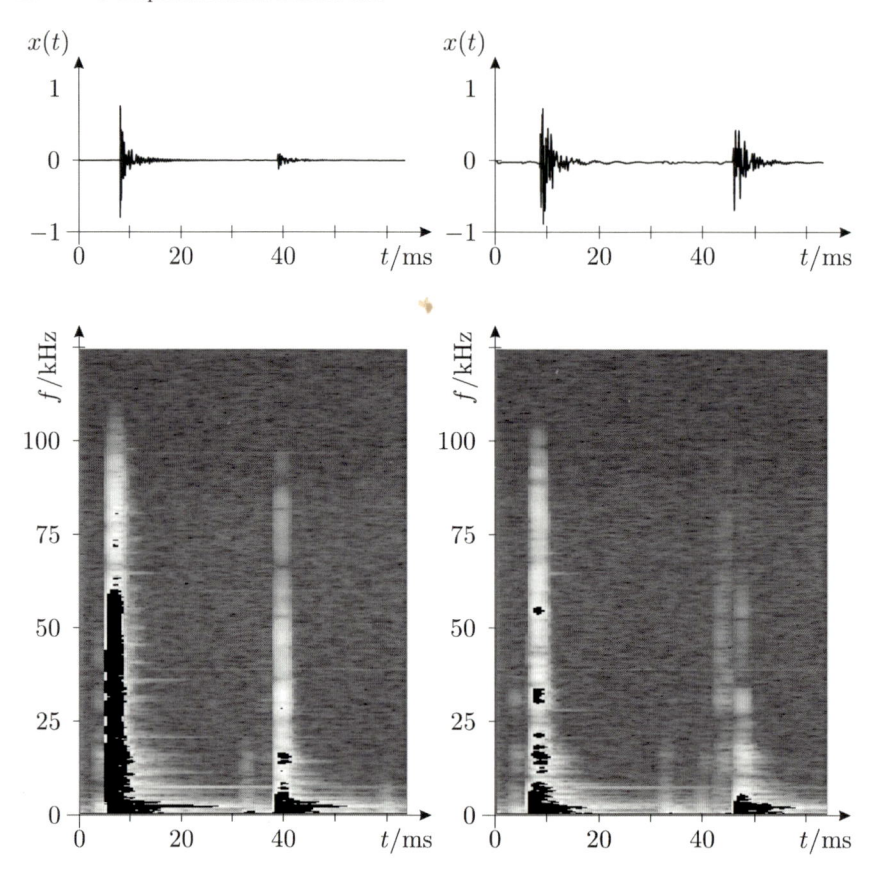

Abb. 4.16. Zeitsignal (oben) und Spektrogramm (unten) eines neuwertigen (links, Aufzeichnungsnummer 00001 des Ventils 5; siehe Tabelle A.5) und eines verschlissenen Ventils (rechts, Aufzeichnungsnummer 23238 des Ventils 5) mit Durchflussmedium Wasser.

4.4 Lebensdaueranalyse von Magnetventilen   83

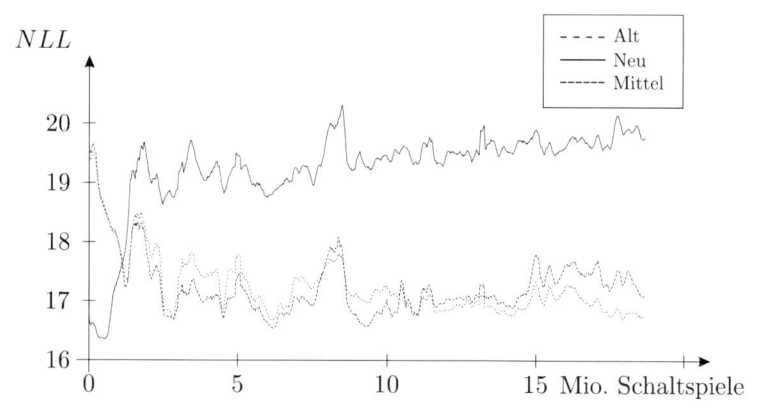

Abb. 4.17. NLLs (geglättet und normiert) für Ventil 5 bezogen auf die Modelle „Neu", „Mittel" und „Alt", aus [10].

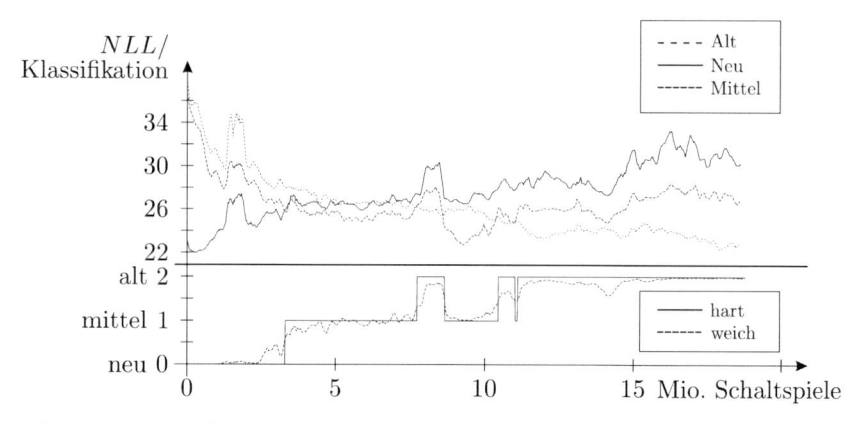

Abb. 4.18. NLLs (geglättet und normiert) für Ventil 5 bezogen auf die Modelle „Neu", „Mittel" und „Alt" (nach Spaltung und Versäuberung), aus [10].

4.5 Zustandsüberwachung in Flugzeugmaterialien

Konstruktionselemente im Flugzeugbau, wie Rumpfschalen oder Flügel, sind hohen Anforderungen ausgesetzt. Sie könnten während des Betriebs u. a. durch Einschläge (Impaktereignisse) oder Ermüdung beschädigt werden. Um Struktursicherheit und Betriebsfestigkeit zu gewährleisten, wird eine strukturintegrierte Zustandsüberwachung eingesetzt. Die Sensoren sind fest im Konstruktionselement, das überwacht werden soll, verankert und prüfen den Zustand dieses Elements permanent oder zyklisch. Ultraschallimpulse werden durch das Material gesendet und mit einem Netzwerk von Sensoren aufgenommen. Beim Auftreten einer Beschädigung ändert sich die Schallausbreitung. Das bedeutet wiederum, dass durch die Feststellung derartiger Veränderungen Strukturschäden entdeckt werden können.

Für die Experimente wurden zwei typische Flugzeugkonstruktionsmaterialien, Aluminium (Experiment 4.5.1) und kohlefaserverstärkter Kunststoff (CFK, engl. *carbon fiber reinforced plastic, CFRP*) (Experiment 4.5.2), verwendet. Als Vergleichsexperiment diente die akustische Laufzeittomographie (4.5.1).

4.5.1 Zustandsüberwachung an einer Aluminiumplatte

Versuchsaufgabe	Zustandsüberwachung einer Aluminiumplatte
Art des Fehlers	Riss
Prüfling	
Versuchsaufbau	Aluminiumplatte mit 8 kreisförmig angeordneten Ultraschallaktuatoren (siehe Abbildung 4.21), Anregung mit Ultraschallimpulsen (Mittenfrequenz 250 kHz) umlaufend durch jeweils einen Aktuator, Aufzeichnung der Schallwellen durch die 7 anderen Aktuatoren, siehe Abbildung 4.20
Anzahl der Sensoren	8 Sender/Empfänger
Anregung	Rickers-Wavelet mit 250 kHz
Messprinzip	aktiv
Anzahl der Zustände	38 (1 intakt, 37 mit Riss zunehmender Länge), je 9500 Aufzeichnungen von 56 Messstrecken (Sender/Empfänger-Kombinationen), abzüglich 447 Aufzeichnungen aufgrund von Hardwarefehlern während der Messung, siehe Tabelle A.6
Verfahren	
* Primäranalyse	HMM: Kurzzeit-Leistungsspektrum (2048 Koeffizienten)
* Sekundäranalyse	Vektorstandardisierung, Hauptkomponentenanalyse, Dimensionsreduktion (24 Komponenten)
* Klassifikator	HMM (ein Modell für Zustand ohne Riss)
Vergleichsverfahren	akustische Tomographie
Literaturverweise	[79, 80, 82, 83]

Tabelle 4.7. Zustandsüberwachung an einer Aluminiumplatte.

86   4 Experimentelle Nachweise

Experiment an einer Aluminiumplatte mit akustischer Tomographie

Das folgende Experiment wurde von E. SCHULZE durchgeführt und in [79] beschrieben. Er benutzt die akustische Laufzeittomographie [32, 61], ein modernes Verfahren der zerstörungsfreien Prüfung, welches auf der Erkenntnis von RADON beruht, dass sich jedes (zweidimensionale) Gebiet mit Hilfe eindimensionaler Projektionen eindeutig rekonstruieren lässt. Das daraus entstandene Bild stellt die diskrete Verteilung der Lamb-Wellen-Geschwindigkeit v_L im gescannten Bereich dar. Diese Wellen werden durch Ultraschallaktuatoren induziert, die auf einer 1000×1000×2.5 mm großen Aluminiumplatte kreisförmig angebracht waren. Eine genaue Beschreibung der Sensoranordnung und der Risseinbringung liefert der nächste Abschnitt. Der Messbereich wird in 40×40 mm große Quadrate unterteilt. Ein modifizierter SIRT-Algorithmus (engl. *Simultane Iterative Reconstruction Technique*) führt die tomographische Inversion der gemessenen Laufzeiten durch. Abbildung 4.19 zeigt das rekonstruierte Bild des Schadenszustandes Z16 (Risslänge 16 cm). Bereits ab einer Länge von 12 cm zeichnet sich der Riss deutlich im Geschwindigkeitsbild ab.

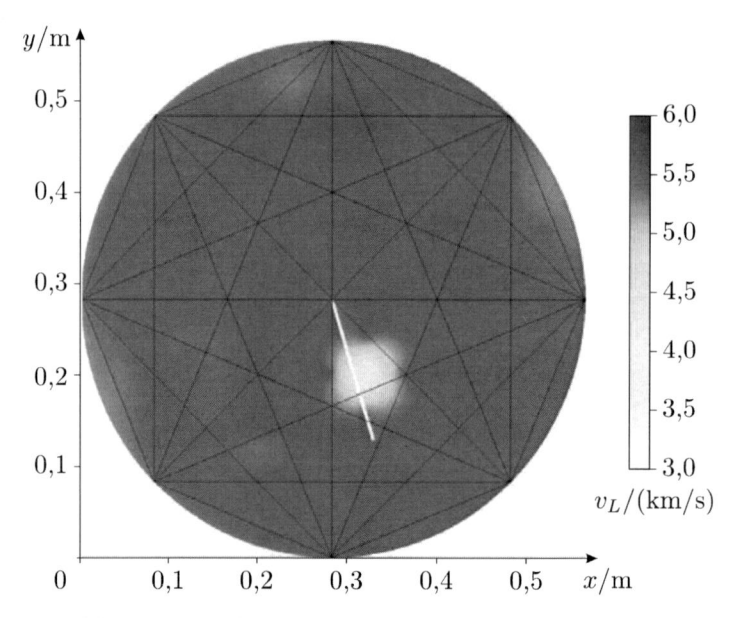

Abb. 4.19. Akustische Laufzeittomographie mit geführten Wellen, Rekonstruktionsergebnis mit bedämpftem SIRT-Algorithmus. Die weiße Linie kennzeichnet den aktuellen Schadenszustand (Bild: E. SCHULZE, [79]). Der Riss ist ab einer Länge von 12 cm sichtbar.

Experiment an einer Aluminiumplatte mit HMM

Die Aluminiumplatte wurde an ihren Ecken befestigt und mit 8 Ultraschallaktuatoren (Sender-/Empfängereinheiten) in kreisförmiger Anordnung (Durchmesser von 570 mm) bestückt. Abbildung 4.21 enthält eine Skizze, in der die Positionen der Aktuatoren durch Kreise gekennzeichnet sind. Nacheinander diente jeder Aktuator als Körperschallsender, während alle anderen die Schallwellen aufzeichneten. Jede Kombination von Sender und Empfänger, als Messstrecke bezeichnet, lieferte eine Teilinformation über den Zustand der Aluminiumplatte. Die Zusammenfassung aller Teilinformationen lieferte am Ende der Verarbeitung eine Gesamtaussage. Da ein Sender das eigene Signal nicht aufzeichnet, wurden insgesamt $8 \times 7 = 56$ Messstrecken pro Zustand betrachtet und ausgewertet. Die Messung der Aluminiumplatte erfolgte in intaktem Zustand (Z00) sowie in beschädigten Zuständen (Z01 bis Z37). Dazu wurde, ausgehend vom Mittelpunkt des durch die Sensoranordnung beschriebenen Kreises, ein Riss zunehmender Länge von 1 cm bis insgesamt 37 cm eingebracht (dicke Linie in Abbildung 4.21, Schadenszustände Z01-Z37).

Wir bildeten jeweils ein HMM pro Zustand und Messstrecke aus 80% der aufgezeichneten Signale. Die verbleibenden Daten wurden über die gelernten Modelle klassifiziert. Wir verwendeten HMMs mit je 3 Zuständen. Die Auswertung der Testsignale erfolgte mit zwei unterschiedlichen Strategien:

- **HMM/m** - identifiziert einen speziellen Zustand durch Berechnung der NLLs für jedes HMM und die Entscheidung für die Schadensklasse, dessen Modell den kleinsten Abstand zur NLL liefert
- **HMM/s** - berechnet nur die NLLs für das HMM des intakten Zustands und entscheidet durch einen Schwellwert, ob die Beobachtung vom intakten oder einem Schadensobjekt stammt; die NLL kann genutzt werden, um den Grad des Schadens zu bestimmen.

HMM/s ist das realistischere Verfahren. Es benötigt keine Schadensmodelle, die in der Praxis nur schwer realisierbar sind.

Da die Signale verschiedener Messstrecken unterschiedliche Charakteristiken aufweisen, ist es nicht möglich, alle Messstrecken gemeinsam in einem Modell anzulernen. Anstelle dessen erfolgt zuerst die Bildung separater Modelle für jede einzelne Messstrecke und danach die Zusammenfassung der einzelnen NLLs zu einer Gesamtaussage mittels Bewertungsfusion. Dazu testeten wir mehrere Strategien [22] und wählten zwei für diese Aufgabe geeignete aus:

- $\overline{NLL}$ - berechnet den Mittelwert über alle NLLs
- GSS_n - führt eine PCA über eine Menge der NLLs durch, fasst die transformierten Vektoren zu n Komponenten zusammen, schätzt eine GAUSSverteilungsdichtefunktion und berechnet die NLLs für die getesteten Vektoren.

Zuerst erprobten wir das Einklassenmodell **HMM/s** gemeinsam mit den Datenfusionsmethoden $\overline{NLL}$ und GSS_n. Der Klassifikator entscheidet für jedes

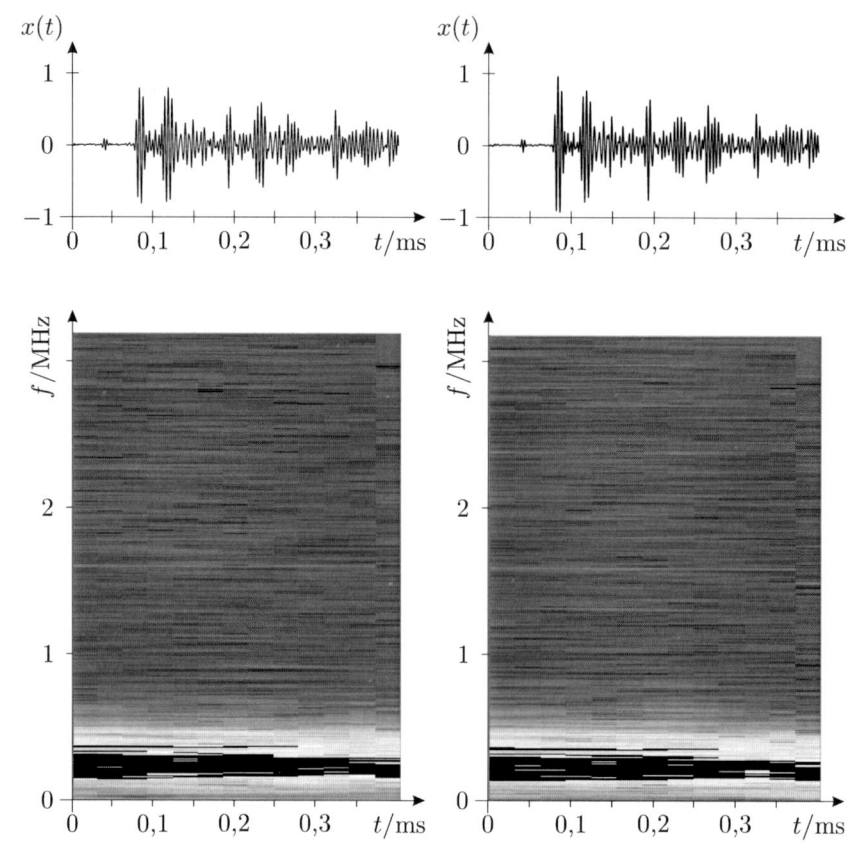

Abb. 4.20. Zeitsignal (oben) und Spektrogramm (unten) des intakten (links, Messstrecke A1A2 im Zustand Z00; siehe Tabelle A.6) und eines Schadenszustands der Aluminiumplatte (rechts, Messstrecke A1A2 im Zustand Z01).

Testsignal, ob es von einem intakten oder beschädigten Zustand stammt. Im Fehlerfall könnte entweder ein intaktes Signal fälschlicherweise als beschädigt - Fehlrückweisung - oder umgekehrt ein beschädigtes als intakt - Fehlakzeptanz - klassifiziert werden. Die Leistungsfähigkeit eines solchen Systems wird durch eine ROC-Kurve (engl. *receiver operating characteristics*) eingeschätzt. Von entscheidender Bedeutung in dieser Kurve ist die Fehlerrate, wo es so viele Fehlrückweisungen wie Fehlakzeptanzen gibt. Ist $EER = 0$, dann arbeitet der Klassifikator fehlerfrei. In diesem Fall berechnen wir anhand der Minimal-, Maximal- und Mittelwerte zusätzlich den Sicherheitsbereich der Klassifikation (engl. *classification safety margin, CM*):

$$CM = \frac{\min(X_{\text{beschädigt}}) - \max(X_{\text{intakt}})}{\text{mean}(X_{\text{beschädigt}}) - \text{mean}(X_{\text{intakt}})}, \qquad (4.2)$$

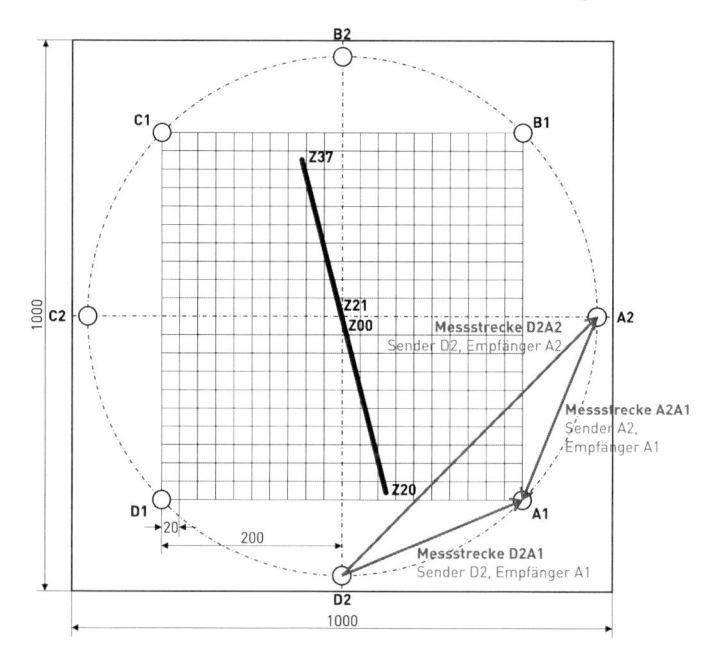

Abb. 4.21. Skizze des Testobjekts Aluminiumplatte (nicht maßstabsgetreu). Die kleinen Kreise kennzeichnen die Positionen der Sensoren, die dicke schwarze Linie die Position des künstlich eingebrachten Risses. Der Riss wurde schrittweise vergrößert (ausgehend vom Mittelpunkt des Kreises bis 20 cm Länge (Z20), anschließend vom Mittelpunkt bis zu einer Gesamtlänge von 37 cm (Z37) (Bild: H. NEUNÜBEL, [79]).

wo X die Menge der $\overline{NLL}$ bzw. GSS_n bezeichnet, die durch die Datenfusion ermittelt wurden.

Das Ergebnis ist in Abbildung 4.22 dargestellt. Jeder Risszustand kann deutlich vom Zustand ohne Riss unterschieden werden. Der stetige Anstieg der Kurve bestätigt die mit wachsender Risslänge größere Abweichung vom Gutmodell **HMM/s**. Besonders gut sind die HMMs also zur Abschätzung des Schadensgrades (Risslänge) geeignet. Im Unterschied zur akustischen Laufzeittomographie (Experiment 4.5.1), die einen Riss erst ab 12 cm Länge detektieren kann, ist dies mit HMMs bereits bei einer Länge von 1 cm möglich. Allerdings kann die Lage des Risses mit HMMs nicht ermittelt werden. Die Fehlerrate für das **HMM/s**-Modell mit der Methode $\overline{NLL}$ beträgt 0,2 %, mit GSS_n 0,0 %. Der Klassifikator arbeitet damit für beide Verfahren sehr gut. Der Sicherheitsbereich CM beträgt 11,0 %.

Die Version **HMM/m**, bei der für jeden Zustand ein Modell angelernt wurde, ist in der Lage, spezielle Schadenszustände zu identifizieren. Dabei überließen wir dem Klassifikator die Entscheidung für einen Zustand Zxx (anstatt nur „intakt" oder „beschädigt") und zählten, wie oft eine Fehlentscheidung auftrat. Um die Aufgabe zu erschweren, führten wir keine Datenfusion durch. Jede Entscheidung basierte auf einer Messstrecke. Wir berechneten den Fehler für alle Messstrecken. Der minimale Fehler betrug dabei 0,0 %, der maximale Fehler 9,8 % und der mittlere Fehler 2,0 %.

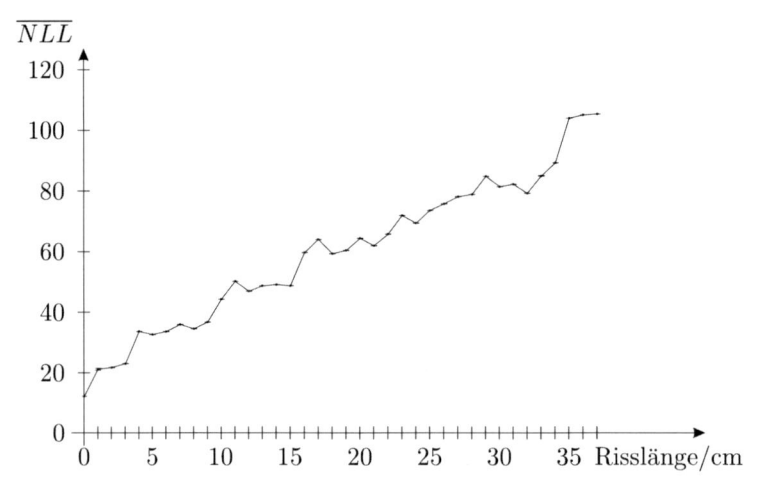

Abb. 4.22. Ergebnisse der Rissdetektion für die Aluminiumplatte. Dargestellt sind die NLLs als Maß für die Abweichung der Messsignale vom intakten Zustand (jeweils gemittelt über alle Messstrecken). Die Datenpunkte sind Mittelwerte und Standardabweichungen von jeweils 100 bzw. 2000 Testmessungen (siehe Tabelle A.6). Jeder Risszustand kann deutlich vom intakten Zustand unterschieden werden.

4.5.2 Zustandsüberwachung an einer CFK-Platte

Versuchsaufgabe	Zustandsüberwachung einer CFK-Platte
Art des Fehlers	Impakt (Einschlag)
Prüfling	
Versuchsaufbau	CFK-Platte mit 12, in 3 Reihen angeordneten Ultraschallaktuatoren (siehe Abbildung 4.24), Anregung mit Ultraschallimpulsen (Mittenfrequenz 100 kHz) nacheinander durch jeweils einen Aktuator, Aufzeichnung der Schallwellen durch die 11 anderen Aktuatoren, siehe Abbildung 4.23
Anzahl der Sensoren	12 Sender/Empfänger
Anregung	RC2-Funktion mit 100 kHz, 350 kHz bzw. Sinc-Funktion mit 600 kHz
Messprinzip	aktiv
Anzahl der Zustände	6 (1 intakt, 5 mit Einschlägen unterschiedlicher Energien), je 6.000 Aufzeichnungen von 132 Sender/Empfänger-Kombinationen,
Verfahren	
* Primäranalyse	HMM: Kurzzeit-Leistungsspektrum (512 Koeffizienten)
* Sekundäranalyse	HMM: Vektorstandardisierung, Hauptkomponentenanalyse, Dimensionsreduktion (24 Komponenten)
* Klassifikator	HMM (1 Modell pro Messstrecke für intakten Zustand), Bewertungsfusion
Vergleichsverfahren	–
Literaturverweise	[79, 80, 82, 83, 96]

Tabelle 4.8. Zustandsüberwachung an einer CFK-Platte.

Die CFK-Platte mit einer Größe von 860 × 600 × 5 mm wurde mit 12 Ultraschallsensoren bestückt. Das durch diese Anordnung gebildete Gitter aus 4 Spalten und 3 Zeilen ist in Abbildung 4.24 dargestellt. Zu Beginn des Experiments befand sich die Platte in intaktem Zustand (Schadenszustand Z00). Dann wurde sie zunehmend durch das Einbringen von 5 Einschlägen beschädigt, indem ein kugelförmiger Impaktor mit einem Gewicht von 2.1 kg mit verschiedenen Energien auf die Platte traf (Zustände Z01-Z05). In

Tabelle 4.9 sind die Einschläge, die Einschlagsenergien und die entsprechenden Zustände enthalten. Die Positionen der Enschläge zeigt Abbildung 4.24. Auch hier sendeten nacheinander alle Aktuatoren. Insgesamt entstanden dadurch $12 \times 11 = 132$ Messstrecken.

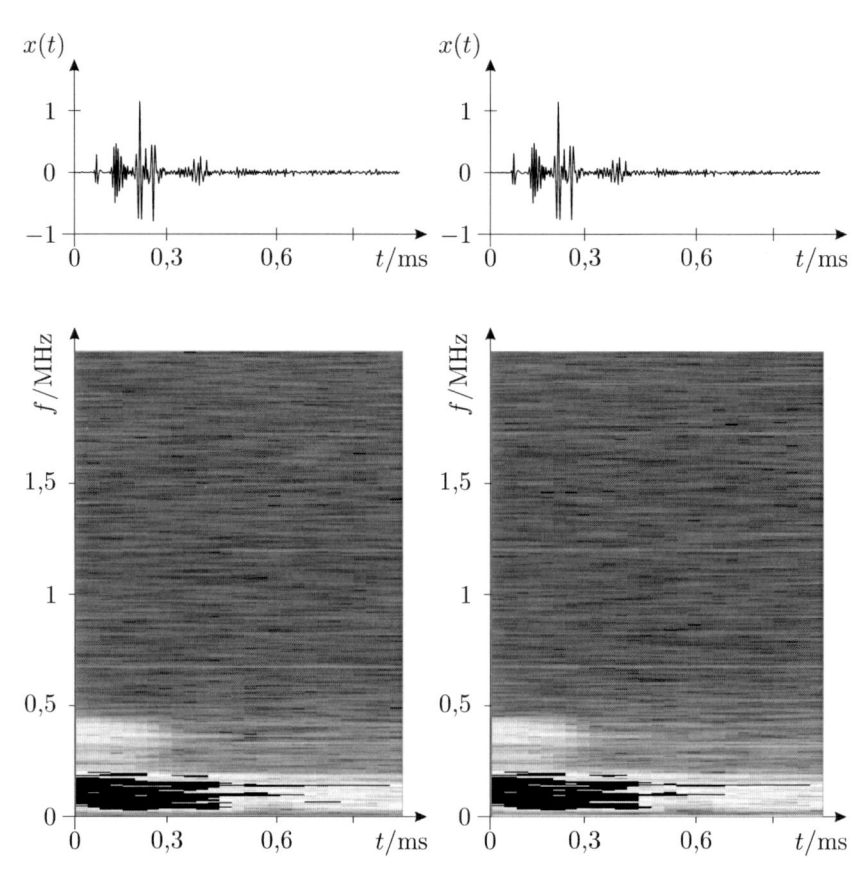

Abb. 4.23. Zeitsignal (oben) und Spektrogramm (unten) des intakten (links, Messstrecke A1A2 im Zustand Z00; siehe Tabelle A.7) und eines Schadenszustands der CFK-Platte (rechts, Messstrecke A1A2 im Zustand Z03).

Wie in Experiment 4.5.1 verwendeten wir zwei Strategien: **HMM/m** mit der Verwendung von Modellen für jeden Zustand und **HMM/s** mit einem Modell für den intakten Zustand. Außerdem wählten wir die gleichen Strategien zur Bewertungsfusion $\overline{NLL}$ bzw. GSS_n, die im Experiment mit der Aluminiumplatte erläutert wurden.

In Abbildung 4.25 sind die Ergebnisse bei Verwendung eines Gutmodells **HMM/s** dargestellt. Bereits der kleinste Einschlag (I1) mit einer Energie von 15 J ist vom Gutmodell unterscheidbar. Ein größerer Sprung ist bei I4 zu

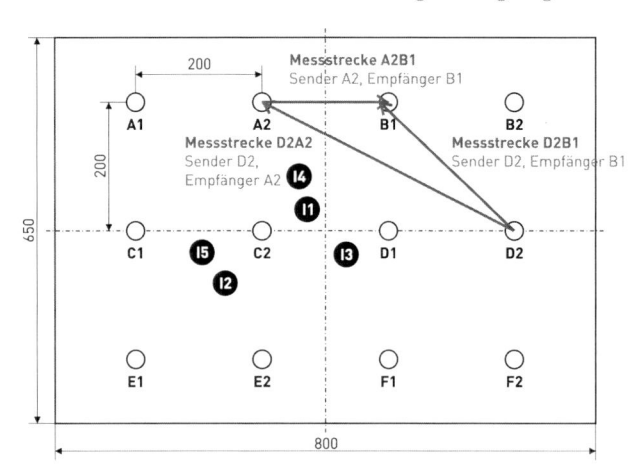

4.5 Zustandsüberwachung in Flugzeugmaterialien

Abb. 4.24. Skizze des Testobjekts CFK-Platte (nicht maßstabsgetreu). Die weißen Kreise bezeichnen die Positionen der Sensoren, die dunklen Kreise die Positionen der künstlich eingebrachten Einschläge. Tabelle 4.9 enthält eine Auflistung der Energien, mit der die Einschläge eingebracht wurden. Bei I1 ... I3 lag die Platte fest auf dem Untergrund auf. Dagegen befand sich die Platte bei I4 und I5 freiliegend auf einem Rahmen, wodurch diese Einschläge eine größere Beschädigung verursachten als I1 ... I3 (Bild: H. NEUNÜBEL, [79]).

Impakt	Energie	Rückseite	Zustand	Einschläge
			Z00	kein
I1	15 J	aufliegend	Z01	I1
I2	25 J	aufliegend	Z02	I1, I2
I3	45 J	aufliegend	Z03	I1, I2, I3
I4	25 J	frei	Z04	I1, I2, ..., I4
I5	25 J	frei	Z05	I1, I2, ..., I5

Tabelle 4.9. Auflistung der künstlich eingebrachten Einschläge.

erkennen. Durch die freiliegende Positionierung der Platte auf dem Rahmen verursacht ein Einschlag von 25 J einen größeren Schaden als bei Auflage auf festem Untergrund. Die Fehlerrate für das **HMM/s**-Modell mit der Methode $\overline{NLL}$ beträgt 0,3 %, mit GSS_n 1,0%. Sie liegt damit etwas höher als im Experiment 4.5.1, ist aber akzeptabel.

Zur Auswertung der Version **HMM/m** bestimmten wir wieder die Anzahl der Fehlentscheidungen. Wie in Experiment 4.5.1 verzichteten wir auch hier auf die Datenfusion, was die Aufgabe schwieriger gestaltete. Die Entscheidung wurde für jede Messstrecke gefällt. Wir berechneten den Fehler für alle Messstrecken. Der minimale Fehler betrug 2,2 %, der maximale Fehler 26,7 % und der mittlere Fehler 12,1 %.

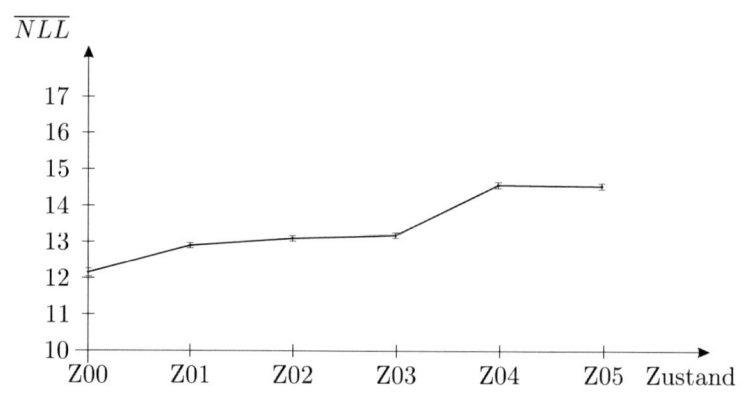

Abb. 4.25. Ergebnisse der Fehlerdetektion für die CFK-Platte. Dargestellt sind die NLLs als Maß für die Abweichung der Messsignale vom intakten Zustand (jeweils gemittelt über alle Messstrecken). Die Datenpunkte sind Mittelwerte und Standardabweichungen von jeweils 1000 Testmessungen (siehe Tabelle A.7). Bereits der kleinste Einschlag (Z01) ist vom intakten Zustand unterscheidbar.

4.6 Weitere Anwendungen

Das Verfahren wurde neben den beschriebenen Anwendungsbereichen auch für weitere Prüfaufgaben genutzt. Die Experimente wurden nicht im Rahmen dieser Dissertation, sondern in anderen Projektarbeiten durchgeführt, zeigen aber die breite Anwendungspalette der akustischen Mustererkennung. Es erfolgten Untersuchungen zur Fehlerfrüherkennung an Textilmaschinen. Hier konnte der Verschleißzustand von Oberwalzen anhand ihres Laufgeräusches bestimmt werden [96, 95, 52, 54, 53]. In einem Projekt zur Signalverarbeitung für ein rotationsbezogenes Messsystem wurden Laufgeräusche eines Eisenbahnrades mit dem Ziel aufgenommen, Fehler auf der Lauffläche zu detektieren [13, 21, 51, 95, 85]. Neben der Untersuchung technischer Signale erfolgten aber auch Auswertungen von Biosignalen. Dabei wurde eine nichtinvasive Blutdruckmessung am aktiven Menschen durchgeführt, indem im Stethoskopsignal die Anfangs- und Endzeitpunkte der Pulsgeräusche von Patienten im Ruhezustand und bei gymnastischen Übungen ermittelt wurden [93, 37, 38, 30, 36, 34, 95, 96]. Aber auch zur Klassifikation von Musiksignalen ist das Verfahren geeignet. Zehn Instrumente konnten unabhängig von Musikstück und Musiker identifiziert werden [12, 14, 38, 15, 45, 44, 11, 17, 29, 42, 2, 23, 16, 95, 96].

5 Zusammenfassung und Ausblick

Die Arbeit beschreibt ein akustisches Mustererkennungsverfahren und dessen Einsatz in der zerstörungsfreien Prüfung. Dazu werden aus einem Testobjekt relevante Signale ermittelt, entweder durch Anregung beispielsweise durch Ultraschallimpulse (aktive Verfahren) oder durch Aufnahme von Arbeitsgeräuschen (passive Verfahren). In der Einführung wird von der These ausgegangen, dass sich die Eigenschaften der Prüfobjekte in typischen Zeit- und Frequenzverläufen von Spektrogrammen der Messsignale ausdrücken. Wäre diese Annahme richtig, ließe sich ein Signal durch *akustische Ereignisse* oder eine *typische Folge* dieser Ereignisse charakterisieren. Die Arbeit zeigt, dass eine Beschreibung der Signale durch eine zeitliche Anordnung (vergleichbar mit einer Partitur in der Musik) akustischer Ereignisse möglich ist. Die akustischen Ereignisse werden durch Verteilungsdichtefunktionen modelliert. Mit Hilfe endlicher stochastischer Automaten konnte die zeitliche Abfolge (Partitur) selbst beschrieben werden. Mit diesem Schritt konnte eine weitere These der Arbeit belegt werden: Durch die allgemeine Formulierung der Hidden-MARKOV-Modelle können zwei der drei klassischen Probleme der HMMs [55], die Berechnung aller Wege und die Ermittlung des besten Weges, vereinheitlicht werden. Auch die zwei wichtigsten Parameterschätzverfahren, VITERBI-Training und BAUM-WELCH-Algorithmus, können in einer einheitlichen mathematischen Schreibweise formuliert werden.

Der Anlernprozess ist oft mit großem Aufwand verbunden. Meist stehen dafür nur wenige Prüfobjekte zur Verfügung und es muss Sorge getragen werden, dass sich alle Eigenschaften in der Lernstichprobe widerspiegeln. Um diesen Vorgang zu vereinfachen, soll in der Zukunft die Eignung von Simulationsmethoden (beispielsweise Finite-Elemente-Methoden) überprüft werden. RAMMOHAN und TAHA verwendeten in [56] simulierte Daten zur Vorhersage der Restlebensdauer belasteter Betonbrücken und konnten gute Erfolge erzielen. Die Simulationsverfahren sollen für das beschriebene Verfahren genutzt werden, um eine große Lernstichprobe zu erzeugen. Ob dies eine geeignete Möglichkeit ist, muss untersucht werden.

Die praktische Erfahrung zeigt, dass das in der Arbeit beschriebene Verfahren gute Resultate für die zerstörungsfreie Prüfung liefert. Mit einem einzigen Verfahren zur akustischen Mustererkennung konnte eine Vielzahl von Prüfaufgaben gelöst werden. Dabei wurde festgestellt, dass die Methode hervorragend geeignet ist, akustische Signale zu klassifizieren. Zudem ist der Einsatz nicht „nur" auf technische Signale beschränkt, sondern beispielsweise auch bei Musik- oder Biosignalen möglich. Aktuell wird das Verfahren in einem weiteren Anwendungsgebiet erprobt. Dabei sollen Tissueprodukte (z. B. Kosmetik- und Taschentücher, Küchenrollen, Toilettenpapier) auf Weichheit untersucht werden, indem das menschliche (subjektive) Weichheitsempfinden nachvollzogen wird. Erste Voruntersuchungen bestätigen, dass das vorgestellte Verfahren auch hier geeignet ist.

A
Anhang

A.1 Formeln und Herleitungen

A.1.1 Logarithmus einer Determinante

$$-\frac{1}{2}\ln|A| \qquad\qquad \Big|\ \ln_a u^c = c\cdot \ln u \qquad (A.1)$$

$$=\frac{1}{2}\ln|A|^{-1} \qquad\qquad (A.2)$$

$$=\frac{1}{2}\ln\frac{1}{|A|} \qquad\qquad \Big|\ |A^{-1}| = \frac{1}{|A|} \qquad (A.3)$$

$$=\frac{1}{2}\ln|A^{-1}| \qquad\qquad (A.4)$$

A.1.2 Schätzung der Kovarianzmatrix mittels symmetrischer Matrizen

In [6] wird die Kovarianzmatrix als symmetrische Matrix behandelt. Dazu wandeln wir zuerst die Gleichung (3.60) durch Umsortieren in den Ausdruck:

$$\frac{\partial}{\partial \mathbf{\Sigma}_e^{-1}} \sum_{\mathbf{e}\in\mathcal{U}^K} \left[-\frac{N}{2}\ln 2\pi \sum_{\substack{k=1 \\ e^k\in\mathbf{e}}}^{K} \alpha_e^k + \frac{1}{2}\ln|\mathbf{\Sigma}_e^{-1}| \sum_{\substack{k=1 \\ e^k\in\mathbf{e}}}^{K} \alpha_e^k - \frac{1}{2} \sum_{\substack{k=1 \\ e^k\in\mathbf{e}}}^{K} (\vec{o}^k-\vec{\mu}_e)^\top \mathbf{\Sigma}_e^{-1}(\vec{o}^k-\vec{\mu}_e) \right]$$

(A.5)

um. Für die Ableitung des dritten Summanden nutzen wir die Tatsache, dass $\sum_i x_i^\top \mathbf{A} x_i = \operatorname{sp}(\mathbf{AB})$ gilt, wenn $\mathbf{B} = \sum_i x_i x_i^\top$, was sich leicht nachrechnen lässt. Damit können wir entsprechend (A.5) umschreiben. Für eine bessere Lesbarkeit führen wir $\mathbf{C}_e^k = (\vec{o}^k - \vec{\mu}_e)(\vec{o}^k - \vec{\mu}_e)^\top$ ein:

$$\frac{\partial}{\partial \mathbf{\Sigma}_e^{-1}} \sum_{\mathbf{e} \in \mathcal{U}^K} \left[-\frac{N}{2} \ln 2\pi \sum_{\substack{k=1 \\ e^k \in \mathbf{e}}}^{K} \alpha_e^k + \frac{1}{2} \ln |\mathbf{\Sigma}_e^{-1}| \sum_{\substack{k=1 \\ e^k \in \mathbf{e}}}^{K} \alpha_e^k - \frac{1}{2} \sum_{\substack{k=1 \\ e^k \in \mathbf{e}}}^{K} \operatorname{sp}(\mathbf{\Sigma}_e^{-1} \mathbf{C}_e^k) \right].$$
(A.6)

Der erste Summand in der Klammer entfällt bei der partiellen Ableitung, da er konstant ist. Unter der Voraussetzung der Symmetrie ändert sich für die Ableitung des zweiten Summanden Gleichung (3.61) wie folgt: Wir verwenden

$$\frac{\partial |\mathbf{A}|}{\partial \mathbf{a}_{i,j}} = \begin{cases} \tilde{\mathbf{a}}_{i,j} & \text{für } i=j \\ 2 \cdot \tilde{\mathbf{a}}_{i,j} & \text{ansonsten} \end{cases}$$
(A.7)

aus [18], wobei $\tilde{\mathbf{a}}_{i,j}$ den Kofaktor oder die Adjunkte des Elements $\mathbf{a}_{i,j}$ von $\mathbf{A}$ bezeichnet. Durch Anwendung des Logarithmengesetzes erhalten wir im Unterschied zu Gleichung (3.62):

$$\frac{\partial \ln |\mathbf{A}|}{\partial \mathbf{A}} = \begin{cases} \tilde{\mathbf{a}}_{i,j}/|\mathbf{A}| & \text{für } i=j \\ 2 \cdot \tilde{\mathbf{a}}_{i,j}/|\mathbf{A}| & \text{ansonsten} \end{cases} = 2\mathbf{A}^{-1} - \operatorname{diag}(\mathbf{A}^{-1}). \quad (A.8)$$

Wir ersetzen $\mathbf{A}$ durch $\mathbf{\Sigma}_e^{-1}$:

$$\frac{\partial \ln |\mathbf{\Sigma}_e^{-1}|}{\partial \mathbf{\Sigma}_e^{-1}} = 2(\mathbf{\Sigma}_e^{-1})^{-1} - \operatorname{diag}\left((\mathbf{\Sigma}_e^{-1})^{-1}\right) = 2\mathbf{\Sigma}_e - \operatorname{diag}(\mathbf{\Sigma}_e). \quad (A.9)$$

Die partielle Ableitung der Spur eines Matrizenprodukts, wie sie für den dritten Summanden benötigt wird, kann man nach [60] wie folgt ausdrücken:

$$\frac{\partial \operatorname{sp}(\mathbf{AB})}{\partial \mathbf{A}} = \mathbf{B} + \mathbf{B}^\top - \operatorname{diag}(\mathbf{B}) = 2\mathbf{B} - \operatorname{diag}(\mathbf{B}). \quad (A.10)$$

Angewendet auf den dritten Summanden, ersetzen wir in (A.10) $\mathbf{A}$ durch $\mathbf{\Sigma}_e^{-1}$ und $\mathbf{B}$ durch $\mathbf{C}_e^k$, was zu folgender Lösung führt:

$$\frac{\partial \operatorname{sp}(\mathbf{\Sigma}_e^{-1} \mathbf{C}_e^k)}{\partial \mathbf{\Sigma}_e^{-1}} = 2\mathbf{C}_e^k - \operatorname{diag}(\mathbf{C}_e^k). \quad (A.11)$$

Das Ergebnis der partiellen Ableitung von Gleichung (A.6) mit Hilfe von (A.9) und (A.11) zeigt (A.12). Wir führen außerdem $\mathbf{D}_e^k = \mathbf{\Sigma}_e - \mathbf{C}_e^k$ und $\mathbf{S} = \frac{1}{2} \sum_k \alpha_e^k \mathbf{D}_e^k$ ein:

$$\frac{1}{2} \sum_k \alpha_e^k \big(2\mathbf{\Sigma}_e - \operatorname{diag}(\mathbf{\Sigma}_e)\big) - \frac{1}{2} \sum_k \alpha_e^k \big(2\mathbf{C}_e^k - \operatorname{diag}(\mathbf{C}_e^k)\big)$$
$$= \frac{1}{2} \sum_k \alpha_e^k \big(2\mathbf{D}_e^k - \operatorname{diag}(\mathbf{D}_e^k)\big)$$
$$= 2\mathbf{S} - \operatorname{diag}(\mathbf{S}). \quad (A.12)$$

Wenn wir diesen Ausdruck Nullsetzen, bedeutet dies, dass $\mathbf{S} = 0$ gelten muss. Das wiederum führt zu:

$$\mathbf{S} = \frac{1}{2}\sum_k \alpha_e^k \mathbf{D}_e^k = \frac{1}{2}\sum_k \alpha_e^k (\boldsymbol{\Sigma}_e - \mathbf{C}_e^k) = 0 \qquad (A.13)$$

Wir stellen nach $\boldsymbol{\Sigma}_e$ um und erhalten die Schätzformel für die Kovarianzmatrix:

$$\boldsymbol{\Sigma}_e^* = \frac{\sum_k \alpha_e^k \mathbf{C}_e^k}{\sum_k \alpha_e^k} = \frac{\sum_k \alpha_e^k (\vec{o}^k - \vec{\mu}_e)(\vec{o}^k - \vec{\mu}_e)^\top}{\sum_k \alpha_e^k} \qquad (A.14)$$

A.2 Dateilisten

Teilenummer	Zuordnung	Teilenummer	Zuordnung	Teilenummer	Zuordnung
00000	OK	00001	OK	00002	OK
00003	OK	00004	OK	00005	OK
00006	OK	00007	OK	00008	OK
00009	OK	00010	OK	00011	OK
00012	OK	00013	OK	00014	OK
00015	OK	00016	OK	00017	OK
00018	OK	00019	OK	00020	OK
00021	OK	00022	OK	00023	OK
00024	OK	00025	OK	00026	OK
00027	OK	00028	OK	00029	OK
00030	OK	00031	OK	00032	OK
00033	OK	00034	OK	00035	OK
00036	OK	00037	OK	00038	OK
00039	OK	00040	OK	00041	OK
00042	OK	00043	OK	00044	OK
00045	OK	00046	OK	00047	OK
00048	OK	00049	OK	00050	OK
00051	OK	00052	OK	00053	OK
00054	OK	00055	OK	00056	OK
00057	OK	00058	OK	00059	OK
00060	OK	00061	OK	00062	OK
00063	OK	00064	OK	00065	OK
00066	OK	00067	OK	00068	OK
00069	OK	00070	OK	00071	OK
00072	OK	00073	OK	00074	OK
00075	OK	00076	OK	00077	OK
00078	OK	00079	OK	00080	OK
00081	OK	00082	OK	00083	OK
00084	OK	00085	OK	00086	OK

Teilenummer	Zuordnung	Teilenummer	Zuordnung	Teilenummer	Zuordnung
00087	OK	00088	OK	00089	OK
00090	OK	00091	OK	00092	OK
00093	OK	00094	OK	00095	OK
00096	OK	00097	OK	00098	OK
00099	OK	00100	OK	00101	OK
00102	OK	00103	OK	00104	OK
00105	OK	00106	OK	00107	OK
00108	OK	00109	OK	00110	OK
00111	OK	00112	OK	00113	OK
00114	OK	00115	OK	00116	OK
00117	OK	00118	OK	00119	OK
00120	OK	00121	OK	00122	OK
00123	OK	00124	OK	00125	OK
00126	OK	00127	OK	00128	OK
00129	OK	00130	OK	00131	OK
00132	OK	00133	OK	00134	OK
00135	OK	00136	OK	00137	OK
00138	OK	00139	OK	00140	OK
00141	OK	00142	OK	00143	OK
00144	OK	00145	OK	00146	OK
00147	OK	00148	OK	00149	OK
00150	OK	00151	OK	00152	OK
00153	OK	00154	OK	00155	OK
00156	OK	00157	OK	00158	OK
00159	OK	00160	OK	00161	OK
00162	OK	00163	OK	00164	OK
00165	OK	00166	OK	00167	OK
00168	OK	00169	OK	00170	OK
00171	OK	00172	OK	00173	OK
00174	OK	00175	OK	00176	OK
00177	OK	00178	OK	00179	OK
00180	OK	00181	OK	00182	OK
00183	OK	00184	OK	00185	OK
00186	OK	00187	OK	00188	OK
00189	OK	00190	OK	00191	OK
00192	OK	00193	OK	00194	OK
00195	OK	00196	OK	00197	OK
00198	OK	00199	OK	00200	OK
00201	OK	00202	OK	00203	OK
00204	OK	00205	OK	00206	OK
00207	OK	00208	OK	00209	OK
00210	OK	00211	OK	00212	OK
00213	OK	00214	OK	00215	OK

Teilenummer	Zuordnung	Teilenummer	Zuordnung	Teilenummer	Zuordnung
00216	OK	00217	OK	00218	OK
00219	OK	00220	OK	00221	OK
00222	OK	00223	OK	00224	OK
00225	OK	00226	OK	00227	OK
00228	OK	00229	OK	00230	OK
00231	OK	00232	OK	00233	OK
00234	OK	00235	OK	00236	OK
00237	OK	00238	OK	00239	OK
00240	OK	00241	OK	00242	OK
00243	OK	00244	OK	00245	OK
00246	OK	00247	OK	00248	OK
00249	OK	00250	OK	00251	OK
00252	OK	00253	OK	00254	OK
00255	OK	00256	OK	00257	OK
00258	OK	00259	OK	00260	OK
00261	OK	00262	OK	00263	OK
00264	OK	00265	OK	00266	OK
00267	OK	00268	OK	00269	OK
00270	OK	00271	OK	00272	OK
00273	OK	00274	OK	00275	OK
00276	OK	00277	OK	00278	OK
00279	OK	00280	OK	00281	OK
00282	OK	00283	OK	00284	OK
00285	OK	00286	OK	00287	OK
00288	OK	00289	OK	00290	OK
00291	OK	00292	OK	00293	OK
00294	OK	00295	OK	00296	OK
00297	OK	00298	OK	00299	OK
00300	OK	00301	OK	00302	OK
00303	OK	00304	OK	00305	OK
00306	OK	00307	OK	00308	OK
00309	OK	00310	OK	00311	OK
00312	OK	00313	OK	00314	OK
00315	OK	00316	OK	00317	OK
00318	OK	00319	OK	00320	OK
00321	OK	00322	OK	00323	OK
00324	OK	00325	OK	00326	OK
00327	OK	00328	OK	00329	OK
00330	OK	00331	OK	00332	OK
00333	OK	00334	OK	00335	OK
00336	OK	00337	OK	00338	OK
00339	OK	00340	OK	00341	OK
00342	OK	00343	OK	00344	OK

Teilenummer	Zuordnung	Teilenummer	Zuordnung	Teilenummer	Zuordnung
00345	OK	00346	OK	00347	OK
00348	OK	00349	OK	00350	OK
00351	OK	00352	OK	00353	OK
00354	OK	00355	OK	00356	OK
00357	OK	00358	OK	00359	OK
00360	OK	00361	OK	00362	OK
00363	OK	00364	OK	00365	OK
00366	OK	00367	OK	00368	OK
00369	OK	00370	OK	00371	OK
00372	OK	00373	OK	00374	OK
00375	OK	00376	OK	00377	OK
00378	OK	00379	OK	00380	OK
00381	OK	00382	OK	00383	OK
00384	OK	00385	OK	00386	OK
00387	OK	00388	OK	00389	OK
00390	OK	00391	OK	00392	OK
00393	OK	00394	OK	00395	OK
00396	OK	00397	OK	00398	OK
00399	OK	00400	OK	00401	OK
00402	OK	00403	OK	00404	OK
00405	OK	00406	OK	00407	OK
00408	OK	00409	OK	00410	OK
00411	OK	00412	OK	00413	OK
00414	OK	00415	OK	00416	OK
00417	OK	00418	OK	00419	OK
00420	OK	00421	OK	00422	OK
00423	OK	00424	OK	00425	OK
00426	OK	00427	OK	00428	OK
00429	OK	00430	OK	00431	OK
00432	OK	00433	OK	00434	OK
00435	OK	00436	OK	00437	OK
00438	OK	00439	OK	00440	OK
00441	OK	00442	OK	00443	OK
00444	OK	00445	OK	00446	OK
00447	OK	00448	OK	00449	OK
00450	OK	00451	OK	00452	OK
00453	OK	00454	OK	00455	OK
00456	OK	00457	OK	00458	OK
00459	OK	00460	OK	00461	OK
00462	OK	00463	OK	00464	OK
00465	OK	00466	OK	00467	OK
00468	OK	00469	OK	00470	OK
00471	OK	00472	OK	00473	OK

Teilenummer	Zuordnung	Teilenummer	Zuordnung	Teilenummer	Zuordnung
00474	OK	00475	OK	00476	OK
00477	OK	00478	OK	00479	OK
00480	OK	00481	OK	00482	OK
00483	OK	00484	OK	00485	OK
00486	OK	00487	OK	00488	OK
00489	OK	00490	OK	00491	OK
00492	OK	00493	OK	00494	OK
00495	OK	00496	OK	00497	OK
00498	OK	00499	OK	00500	OK
00501	OK	00502	OK	00503	OK
00504	OK	00505	OK	00506	OK
00507	OK	00508	OK	00509	OK
00510	OK	00511	OK	00512	OK
00513	OK	00514	OK	00515	OK
00516	OK	00517	OK	00518	OK
00519	OK	00520	OK	00521	OK
00522	OK	00523	OK	00524	OK
00525	OK	00526	OK	00527	OK
00528	OK	00529	OK	00530	OK
00531	OK	00532	OK	00533	OK
00534	OK	00535	OK	00536	OK
00537	OK	00538	OK	00539	OK
00540	OK	00541	OK	00542	OK
00543	OK	00544	OK	00545	OK
00546	OK	00547	OK	00548	OK
00549	OK	00550	OK	00551	OK
00552	OK	00553	OK	00554	OK
00555	OK	00556	OK	00557	OK
00558	OK	00559	OK	00560	OK
00561	OK	00562	OK	00563	OK
00564	OK	00565	OK	00566	OK
00567	OK	00568	OK	00569	OK
00570	OK	00571	OK	00572	OK
00573	OK	00574	OK	00575	OK
00576	OK	00577	OK	00578	OK
00579	OK	00580	OK	00581	OK
00582	OK	00583	OK	00584	OK
00585	OK	00586	OK	00587	OK
00588	OK	00589	OK	00590	OK
00591	OK	00592	OK	00593	OK
00594	OK	00595	OK	00596	OK
00597	OK	00598	OK	00599	OK
00600	OK	00601	UNK	00602	UNK

Teilenummer	Zuordnung	Teilenummer	Zuordnung	Teilenummer	Zuordnung
00603	UNK	00604	UNK	00605	UNK
00606	UNK	00607	UNK	00608	UNK
00609	UNK	00610	UNK	00611	OK[1]
00612	UNK	00613	UNK	00614	UNK
00615	UNK	00616	UNK	00617	UNK
00618	UNK	00619	UNK		

Tabelle A.1: Dateiliste mit Angabe der Teilenummer und der Zuordnung (OK … Teil ist in Ordnung, UNK … Teil beschädigt).

Teilenummer	Zuordnung	Charge	Beschreibung
00100	OK	0	
00101	OK	0	
00102	OK	0	
00103	OK	0	
00104	OK	0	
00105	OK	0	
00106	OK	0	
00107	OK	0	
00108	OK	0	
00109	OK	0	
00110	OK	0	
00111	OK	0	
00112	OK	0	
00113	OK	0	
00114	OK	0	
00115	OK	0	
00200	OK	0	
00201	OK	0	
00202	OK	0	
00203	OK	0	
00204	OK	0	
00205	OK	0	
00206	OK	0	
00207	OK	0	
00208	OK	0	
00209	OK	0	
00210	OK	0	
00211	OK	0	

[1] Grenzmuster

Teilenummer	Zuordnung	Charge	Beschreibung
00212	OK	0	
00213	OK	0	
00214	OK	0	
00215	OK	0	
00216	OK	0	
00217	OK	0	
00218	OK	0	
00219	OK	0	
00220	OK	0	
00221	OK	0	
00222	OK	0	
00223	OK	0	
00224	OK	0	
00225	OK	0	
00226	OK	0	
00227	OK	0	
00228	OK	0	
00229	OK	0	
00230	OK	0	
00231	OK	0	
00232	OK	0	
00233	OK	0	
00234	OK	0	
00235	OK	0	
00236	OK	0	
00237	OK	0	
00238	OK	0	
00239	OK	0	
00240	OK	0	
00241	OK	0	
00300	OK	0	
00301	OK	0	
00302	OK	0	
00303	OK	0	
00304	OK	0	
00305	OK	0	
00306	OK	0	
00307	OK	0	
00308	OK	0	
00309	OK	0	
00310	OK	0	
00311	OK	0	
00312	OK	0	

Teilenummer	Zuordnung	Charge	Beschreibung
00313	OK	0	
00314	OK	0	
00315	OK	0	
00316	OK	0	
00317	OK	0	
00318	OK	0	
00319	OK	0	
00320	OK	0	
00321	OK	0	
00322	OK	0	
00323	OK	0	
00324	OK	0	
00325	OK	0	
00326	OK	0	
00327	OK	0	
00328	OK	0	
00329	OK	0	
00330	OK	0	
00331	OK	0	
00332	OK	0	
00333	OK	0	
00334	OK	0	
00335	OK	0	
00336	OK	0	
00337	OK	0	
00338	OK	0	
00339	OK	0	
00340	OK	0	
00341	OK	0	
00400	OK	0	
00401	OK	0	
00402	OK	0	
00403	OK	0	
00404	OK	0	
00405	OK	0	
00406	OK	0	
00407	OK	0	
00408	OK	0	
00409	OK	0	
00410	OK	0	
00411	OK	0	
00412	OK	0	
00413	OK	0	

Teilenummer	Zuordnung	Charge	Beschreibung
00414	OK	0	
00415	OK	0	
00416	OK	0	
00417	OK	0	
00418	OK	0	
00419	OK	0	
00420	OK	0	
00421	OK	0	
00422	OK	0	
00423	OK	0	
00424	OK	0	
00425	OK	0	
00426	OK	0	
00427	OK	0	
00428	OK	0	
00429	OK	0	
00430	OK	0	
00431	OK	0	
00432	OK	0	
00433	OK	0	
00434	OK	0	
00435	OK	0	
00436	OK	0	
00437	OK	0	
00438	OK	0	
00439	OK	0	
00440	OK	0	
00441	OK	0	
00442	OK	0	
00443	OK	0	
00444	OK	0	
00445	OK	0	
00446	OK	0	
00447	OK	0	
00448	OK	0	
00449	OK	0	
00450	OK	0	
00451	OK	0	
00452	OK	0	
00453	OK	0	
00454	OK	0	
00455	OK	0	
00456	OK	0	

Teilenummer	Zuordnung	Charge	Beschreibung
00457	OK	0	
00458	OK	0	
00459	OK	0	
00460	OK	0	
00461	OK	0	
00462	OK	0	
00463	OK	0	
00464	OK	0	
00465	OK	0	
00466	OK	0	
00467	OK	0	
00468	OK	0	
00469	OK	0	
00470	OK	0	
00471	OK	0	
00472	OK	0	
00473	OK	0	
00474	OK	0	
00475	OK	0	
00476	OK	0	
00477	OK	0	
00478	OK	0	
00479	OK	0	
00480	OK	0	
00481	OK	0	
00482	OK	0	
00483	OK	0	
00484	OK	0	
00485	OK	0	
00486	OK	0	
0001G	OK	11	
0002G	OK	11	
0003G	OK	11	
0004G	OK	11	
00041	OK	7	
00042	OK	7	
00043	OK	7	
00044	OK	7	
00045	OK	7	
00046	OK	7	
00047	OK	7	
00048	OK	7	
00049	OK	7	

Teilenummer	Zuordnung	Charge	Beschreibung
00050	OK	7	
00051	OK	7	
00052	OK	7	
00053	OK	12	
00054	OK	12	
00055	OK	12	
00056	OK	11	
00057	OK	11	
00058	OK	11	
00P1G	OK	11	
00P3G	OK	11	
00P5G	OK	11	
00P8G	OK	11	
00002	UNK	11	Riss radial
00004	UNK	11	Riss radial
00008	UNK	11	Riss radial
00011	UNK	11	kleine Ausbrüche
00014	UNK	11	kleine Ausbrüche
00015	UNK	11	kleine Ausbrüche
00017	UNK	11	Zahn fehlt
00019	UNK	11	Zahn fehlt
00020	UNK	11	Zahn fehlt
00028	UNK	11	Riss in der Verzahnung
00030	UNK	11	Riss in der Verzahnung
00031	UNK	11	Riss in der Verzahnung
00033	UNK	11	Zahn abgebrochen
00036	UNK	11	Zahn abgebrochen
00040	UNK	11	Zahn abgebrochen
000X1	UNK	9	Riss radial Verzahnung
00059	UNK	12	leichte Anzeige fluxen
00060	UNK	12	leichte Anzeige fluxen
00061	UNK	11	stärkere Anzeige fluxen
00062	UNK	11	stärkere Anzeige fluxen

Tabelle A.2: Dateiliste mit Angabe der Teilenummer, der Zuordnung, der Charge und der Beschreibung.

Teilenummer	Zuordnung	Charge	Beschreibung
00100	OK	0	
00101	OK	0	

Teilenummer	Zuordnung	Charge	Beschreibung
00102	OK	0	
00103	OK	0	
00104	OK	0	
00105	OK	0	
00106	OK	0	
00107	OK	0	
00108	OK	0	
00109	OK	0	
00110	OK	0	
00111	OK	0	
00112	OK	0	
00113	OK	0	
00114	OK	0	
00115	OK	0	
00200	OK	0	
00201	OK	0	
00202	OK	0	
00203	OK	0	
00204	OK	0	
00205	OK	0	
00206	OK	0	
00207	OK	0	
00208	OK	0	
00209	OK	0	
00210	OK	0	
00211	OK	0	
00212	OK	0	
00213	OK	0	
00214	OK	0	
00215	OK	0	
00216	OK	0	
00217	OK	0	
00218	OK	0	
00219	OK	0	
00220	OK	0	
00221	OK	0	
00222	OK	0	
00223	OK	0	
00224	OK	0	
00225	OK	0	
00226	OK	0	
00227	OK	0	
00228	OK	0	

Teilenummer	Zuordnung	Charge	Beschreibung
00229	OK	0	
00230	OK	0	
00231	OK	0	
00232	OK	0	
00233	OK	0	
00234	OK	0	
00235	OK	0	
00236	OK	0	
00237	OK	0	
00238	OK	0	
00239	OK	0	
00240	OK	0	
00241	OK	0	
00300	OK	0	
00301	OK	0	
00302	OK	0	
00303	OK	0	
00304	OK	0	
00305	OK	0	
00306	OK	0	
00307	OK	0	
00308	OK	0	
00309	OK	0	
00310	OK	0	
00311	OK	0	
00312	OK	0	
00313	OK	0	
00314	OK	0	
00315	OK	0	
00316	OK	0	
00317	OK	0	
00318	OK	0	
00319	OK	0	
00320	OK	0	
00321	OK	0	
00322	OK	0	
00323	OK	0	
00324	OK	0	
00325	OK	0	
00326	OK	0	
00327	OK	0	
00328	OK	0	
00329	OK	0	

Teilenummer	Zuordnung	Charge	Beschreibung
00330	OK	0	
00331	OK	0	
00332	OK	0	
00333	OK	0	
00334	OK	0	
00335	OK	0	
00336	OK	0	
00337	OK	0	
00338	OK	0	
00339	OK	0	
00340	OK	0	
00341	OK	0	
0001G	OK	11	
0002G	OK	11	
0003G	OK	11	
0004G	OK	11	
00041	OK	7	
00042	OK	7	
00043	OK	7	
00044	OK	7	
00045	OK	7	
00046	OK	7	
00047	OK	7	
00048	OK	7	
00049	OK	7	
00050	OK	7	
00051	OK	7	
00052	OK	7	
00053	OK	12	
00054	OK	12	
00055	OK	12	
00056	OK	11	
00057	OK	11	
00058	OK	11	
00P1G	OK	11	
00P3G	OK	11	
00P5G	OK	11	
00P8G	OK	11	
00002	UNK	11	Riss radial
00004	UNK	11	Riss radial
00005	UNK	11	Riss radial
00008	UNK	11	Riss radial
00011	UNK	11	kleine Ausbrüche

Teilenummer	Zuordnung	Charge	Beschreibung
00014	UNK	11	kleine Ausbrüche
00015	UNK	11	kleine Ausbrüche
00017	UNK	11	Zahn fehlt
00019	UNK	11	Zahn fehlt
00020	UNK	11	Zahn fehlt
00024	UNK	11	Zahn fehlt
00028	UNK	11	Riss in der Verzahnung
00030	UNK	11	Riss in der Verzahnung
00031	UNK	11	Riss in der Verzahnung
00033	UNK	11	Zahn abgebrochen
00034	UNK	11	Zahn abgebrochen
00036	UNK	11	Zahn abgebrochen
00040	UNK	11	Zahn abgebrochen
000X1	UNK	9	Riss radial Verzahnung
00059	UNK	12	leichte Anzeige fluxen
00060	UNK	12	leichte Anzeige fluxen
00061	UNK	11	stärkere Anzeige fluxen
00062	UNK	11	stärkere Anzeige fluxen
000P2	UNK	11	Papierfehler 2×2 mm
000P3	UNK	11	Papierfehler 2×2 mm
000P5	UNK	11	Papierfehler 2×10 mm
000P6	UNK	11	Papierfehler 2×10 mm
000P8	UNK	11	Papierkugel
000P10	UNK	11	Papierfehler 7×7 mm
000P11	UNK	11	Papierkugel
000P13	UNK	11	Kabelbinder und mechanische Risse
000O41	UNK	11	Öl kontaminiert
000O42	UNK	11	Öl kontaminiert
000O43	UNK	11	Öl kontaminiert
000O44	UNK	11	Öl kontaminiert
000O45	UNK	11	Öl kontaminiert

Tabelle A.3: Dateiliste mit Angabe der Teilenummer, der Zuordnung, der Charge und der Beschreibung.

Ventil 1	Ventil 2	Ventil 3	Ventil 4	Ventil 5	Ventil 6	Ventil 7	Ventil 8
00001	00001	00001	00001	00001	00001	00001	00001
neu	neu	neu	neu	neu	neu	neu	neu
01000	01000	01000	01000	01000	01000	01000	01000
⋮	⋮	⋮	⋮	⋮	⋮	⋮	⋮
⋮	02734	⋮	⋮	⋮	⋮	⋮	⋮
⋮	mittel	⋮	⋮	⋮	⋮	⋮	⋮
⋮	03733	⋮	⋮	⋮	⋮	⋮	⋮
⋮	⋮	⋮	04037	⋮	⋮	⋮	⋮
⋮	⋮	04889	mittel	⋮	⋮	⋮	⋮
⋮	⋮	mittel	05036	⋮	⋮	⋮	⋮
⋮	05470	05888	⋮	⋮	⋮	⋮	⋮
⋮	alt	⋮	⋮	⋮	⋮	⋮	⋮
⋮	06469	⋮	⋮	⋮	⋮	⋮	⋮
⋮	Ausfall	⋮	08075	⋮	⋮	⋮	⋮
⋮	⋮	⋮	alt	⋮	⋮	⋮	⋮
⋮	⋮	⋮	09074	⋮	⋮	⋮	⋮
⋮	⋮	09780	Ausfall	⋮	⋮	⋮	⋮
⋮	⋮	alt	⋮	⋮	⋮	⋮	⋮
⋮	⋮	10779	⋮	⋮	⋮	⋮	⋮
⋮	⋮	Ausfall	⋮	⋮	⋮	⋮	⋮
13156				13156	13156	13156	13156

Tabelle A.4. Dateiliste mit Angabe der Aufzeichnungsnummer pro Ventil. Es wurde jedes 2500ste Schaltspiel aufgezeichnet.

Ventil 1	Ventil 2	Ventil 3	Ventil 4	Ventil 5	Ventil 6	Ventil 7	Ventil 8
00001	00001	00001	00001	00001	00001	00001	00001
neu	neu	neu	neu	neu	neu	neu	neu
01000	01000	01000	01000	01000	01000	01000	01000
⋮	⋮	⋮	⋮	⋮	⋮	⋮	⋮
⋮	⋮	⋮	⋮	11122	⋮	11333	⋮
⋮	⋮	⋮	⋮	mittel	⋮	mittel	⋮
⋮	⋮	⋮	⋮	12121	⋮	12332	⋮
⋮	⋮	⋮	⋮	⋮	⋮	⋮	⋮
⋮	⋮	21180	⋮	⋮	⋮	⋮	⋮
⋮	⋮	mittel	⋮	⋮	⋮	⋮	⋮
⋮	⋮	22179	⋮	⋮	⋮	⋮	⋮
⋮	⋮	⋮	⋮	22245	⋮	⋮	⋮
⋮	⋮	⋮	⋮	alt	⋮	22667	⋮
⋮	⋮	⋮	⋮	23244	⋮	alt	⋮
⋮	⋮	⋮	⋮	Ausfall	⋮	23666	⋮
⋮	⋮	⋮	⋮		⋮	Ausfall	⋮
⋮	⋮	42360	⋮		⋮		⋮
⋮	⋮	alt	⋮		⋮		⋮
⋮	⋮	43359	⋮		⋮		⋮
⋮	⋮	Ausfall	⋮		⋮		⋮
106100	106100		106100		106100		106100

Tabelle A.5. Dateiliste mit Angabe der Aufzeichnungsnummer pro Ventil. Es wurde jedes 800ste Schaltspiel aufgezeichnet.

Zustand	Anzahl Messungen	Anzahl Signaldateien	Anzahl Fehlmessungen
Z00	56 × 2000	111993	7
Z01	56 × 2000	111971	29
Z02	56 × 100	5600	0
Z03	56 × 100	5586	14
Z04	56 × 100	5598	2
Z05	56 × 100	5586	14
Z06	56 × 2000	111977	23
Z07	56 × 100	5598	2
Z08	56 × 100	5570	30
Z09	56 × 100	5571	29
Z10	56 × 100	5600	0
Z11	56 × 100	5593	7
Z12	56 × 100	5600	0
Z13	56 × 100	5598	2
Z14	56 × 100	5593	7
Z15	56 × 100	5598	2
Z16	56 × 100	5593	7
Z17	56 × 100	5587	13
Z18	56 × 100	5591	9
Z19	56 × 100	5591	9
Z20	56 × 100	5581	19
Z21	56 × 100	5598	2
Z22	56 × 100	5593	7
Z23	56 × 100	5586	14
Z24	56 × 100	5593	7
Z25	56 × 100	5593	7
Z26	56 × 100	5598	2
Z27	56 × 100	5583	17
Z28	56 × 100	5586	14
Z29	56 × 100	5591	9
Z30	56 × 100	5578	22
Z31	56 × 100	5564	36
Z32	56 × 100	5593	7
Z33	56 × 100	5565	35
Z34	56 × 100	5593	7
Z35	56 × 100	5584	16
Z36	56 × 100	5592	8
Z37	56 × 100	5588	12

Tabelle A.6. Anzahl der Messungen und der Signaldateien an der Aluminiumplatte.

Messstrecke	1 A1A2	2 A1B1	3 A1B2	4 A1C1	...	131 F2E2	132 F2F1	
Z0	1000	1000	1000	1000	...	1000	1000	
Z1	1000	1000	1000	1000	...	1000	1000	
⋮	⋮	⋮	⋮	⋮	...	⋮	⋮	
Z5	1000	1000	1000	1000	...	1000	1000	
$\sum$	6000	6000	6000	6000	...	6000	6000	924000

Tabelle A.7. Anzahl der aufgenommenen Datensätze pro Messstrecke und Zustand an der CFK-Platte.

Literaturverzeichnis

1. I. E. Alguindigue, A. Loskiweicz-Buczak, and R. E. Uhrig. Monitoring and diagnosis of rolling element bearings using artificial neural networks. *IEEE Transactions on Industrial Electronics*, 40(2):209–217, Apr. 1993.
2. D. Aurich. Dynamische Strukturen in Musiksignalen. Diplomarbeit, Technische Universität Dresden, Institut für Akustik und Sprachkommunikation, 2006.
3. P. Baruah and R. B. Chinnam. HMMs for diagnostics and prognostics in machining processes. In *Proceedings of the 57th Meeting of the Society for Machinery Failure Prevention Technology*, pages 389–398, Virginia Beach, VA, USA, 2003.
4. L. E. Baum and T. Petrie. Statistical inference for probabilistic functions of finite state Markov chains. *Ann. Math. Stat.*, 37:1554–1563, 1966.
5. R. E. Bellman. *Dynamic Programming*. Princeton University Press, Princeton, NJ, USA, 1957. Republished 2003: Dover.
6. J. Bilmes. A gentle tutorial of the EM algorithm and its application to parameter estimation for Gaussian mixture and hidden Markov models. Technical report, International Computer Science Institute, Berkeley CA, Apr. 1998.
7. M. Cuevas, M. Eichner, S. Werner, and M. Wolff. Integration von Spracherkennung und -synthese unter Verwendung gemeinsamer Datenbasen. Abschlussbericht zum DFG-Projekt Ho 1674/7, Technische Universität Dresden, Institut für Akustik und Sprachkommunikation, 2005.
8. A. P. Dempster, N. M. Laird, and D. B. Rubin. Maximum Likelihood from Incomplete Data via the EM Algorithm. *Journal of the Royal Statistical Society. Series B (Methodological)*, 39(1):1–38, 1977.
9. M. Dong, D. He, P. Banerjee, and J. Keller. Equipment health diagnosis and prognosis using hidden semi-Markov models. *The International Journal of Advanced Manufacturing Technology*, 30(7):738–749, 2006.
10. F. Duckhorn. Optimierung von Hidden Markov Modellen für die Sprach- und Signalerkennung. Diplomarbeit, Technische Universität Dresden, Institut für Akustik und Sprachkommunikation, 2007.
11. M. Eichner. Beurteilung von Musikinstrumenten anhand von Solomusikstücken. Zwischenbericht zum BMBF-Projekt 03i4745A, Technische Universität Dresden, Institut für Akustik und Sprachkommunikation, 2005. 5 Seiten.
12. M. Eichner. Bewertung und Beurteilung von Musikinstrumenten anhand von Solomusikstücken. Abschlussbericht zum BMBF-Projekt 03i4745A, Technische Universität Dresden, Institut für Akustik und Sprachkommunikation, Feb. 2007.

13. M. Eichner. Signalverarbeitung für ein rotationsbezogenes Messsystem. Forschungsbericht, Technische Universität Dresden, Institut für Akustik und Sprachkommunikation, 2007.
14. M. Eichner, M. Wolff, and R. Hoffmann. Instrument classification using hidden Markov models. In *Proceedings of the International Conference on Music Information Retrieval. ISMIR 2006*, pages 349–350, Victoria, BC, Canada, Oct. 2006.
15. M. Eichner, M. Wolff, and R. Hoffmann. An HMM based investigation of differences between musical instruments of the same type. In *Proceedings of the International Congress on Acoustics. ICA 2007*, Madrid, Spain, Sep. 2007. 5 pages on CD-ROM proceedings.
16. M. Eichner, M. Wolff, R. Hoffmann, U. Kordon, and G. Ziegenhals. Verfahren und Vorrichtung zur Klassifikation und Beurteilung von Musikinstrumenten. Deutsches Patentamt, Nr. 10 2006 014 507 A1, Erteilung: 20.9.2007.
17. M. Eichner and G. Ziegenhals. Bewertung und Beurteilung von Musikinstrumenten anhand von Solomusikstücken. *Musicon Valley Report*, pages 14–22, 2006.
18. L. Fahrmeir, A. Hamerle, and G. Tutz. *Multivariate statistische Verfahren*. Walter de Gruyter Verlag, Berlin, 1996.
19. G. D. Forney. The Viterbi algorithm. *Proceedings of the IEEE*, 61:268–278, Mar. 1973.
20. B. Frankenstein. Akustische Signaturanalyse von Sintermetallen. Jahresbericht, Fraunhofer IZFP, 1999.
21. B. Frankenstein, D. Hentschel, E. Pridöhl, and F. Schubert. Hollow shaft integrated health monitoring system for railroad wheels. In *Proceedings of the 10th SPIE International Symposium on Nondestructive Evaluation for Health Monitoring and Diagnostics*, volume 5770 of *SPIE Proceedings Series*, pages 46–55, Mar. 2005.
22. D. Hall and S. McMullen. *Mathematical Techniques in Multisensor Data Fusion*. Artech House, Boston, London, 1992.
23. S. Hübler. Untersuchung zur subjektiven und objektiven Bewertung und Beurteilung von Geigen anhand von Solomusikstücken. Studienarbeit, Technische Universität Dresden, Institut für Akustik und Sprachkommunikation, 2006.
24. D. Hentschel and C. Tschöpe. Probleme der akustischen Diagnose. Institutskolloquium, Technische Universität Dresden, Institut für Akustik und Sprachkommunikation, 8. Nov. 2002.
25. R. Hoffmann. *Signalanalyse und -erkennung*. Springer Berlin, Heidelberg, New York, 1998.
26. R. Hoffmann. Recognition of non-speech acoustic signals. In Z. Kacic, editor, *Proceedings of the 13th International Workshop on Advances in Speech Technology. AST 2006*, page 107, Maribor, Slovenia, Jul. 2006. University of Maribor.
27. R. Hoffmann, M. Eichner, U. Kordon, C. Tschöpe, and M. Wolff. Anwendung von Spracherkennungsalgorithmen auf nichtsprachliche akustische Signale. In C. Hentschel, editor, *Sprachsignalverarbeitung - Analyse und Anwendungen. Zum 65. Geburtstag von Klaus Fellbaum*, volume 44 of *Studientexte zur Sprachkommunikation*, pages 46–57. TUDpress, Dresden, 2007.
28. R. Hoffmann and M. Wolff. Klassifikation akustischer Signale. Workshop „Perspektiven eines bioakustischen Monitoring", Humboldt-Universität zu Berlin, Institut für Biologie, Feb. 2006.

29. K. Hoge. Messtechnische und numerische Analyse einer Geige im Vergleich. Diplomarbeit, Technische Universität Dresden, Institut für Akustik und Sprachkommunikation, 2007.
30. H. Hussein and U. Kordon. Untersuchung von Analyseverfahren zur Pulsdetektion in gestörten Korotkov-Geräuschsignalen. Zwischenbericht zum Projekt „Nichtinvasive Blutdruckmessung am aktiven Menschen", Technische Universität Dresden, Institut für Akustik und Sprachkommunikation, Mai 2005. 36 Seiten.
31. B. Jähne. *Digitale Bildverarbeitung.* Springer, Berlin Heidelberg, 2005.
32. A. C. Kak and M. Slaney. *Principles of computerized tomographic imaging.* IEEE Press, New York, 1988.
33. H.-J. Kolb. *Maschinenüberwachung mit sensornaher Signalverarbeitung.* Messtechnik. Medav, Uttenreuth, 1994.
34. U. Kordon, S. Kürbis, and M. Wolff. Nichtinvasive Blutdruckmessung am aktiven Menschen. Forschungsbericht, Technische Universität Dresden, Institut für Akustik und Sprachkommunikation, Mar. 2004.
35. U. Kordon, S. Kürbis, and M. Wolff. Nichtinvasive Blutdruckmessung am aktiven Menschen. Technische Universität Dresden, Institut für Akustik und Sprachkommunikation, 7. Apr. 2004.
36. U. Kordon and M. Wolff. Verfahren der Mustererkennung zur Pulsdetektion in gestörten Korotkov-Geräuschsignalen. Forschungsbericht, Technische Universität Dresden, Institut für Akustik und Sprachkommunikation, Apr. 2006.
37. U. Kordon, M. Wolff, and H. Hussein. Auswertung von Korotkoff-Geräuschsignalen mit Verfahren der Mustererkennung für die Blutdruckmessung am aktiven Menschen. In *32. Jahrestagung für Akustik. DAGA 2006, Fortschritte der Akustik*, pages 791–720, Mar. 2006.
38. U. Kordon, M. Wolff, and C. Tschöpe. Mustererkennung für Sensorsignale. In G. Gerlach, editor, *Neue Entwicklungen in der Elektroakustik und elektromechanischen Messtechnik*, volume 40 of *Dresdner Beiträge zur Sensorik*, pages 69–78. TUDpress, Dresden, 2009.
39. R. Kothamasu, J. Shi, S. H. Huang, and H. R. Leep. Comparison of selected model evaluation criteria for maintenance applications. *Structural Health Monitoring*, 3(3):213–224, 2004.
40. H. Y. K. Lau. A hidden Markov model-based assembly contact recognition system. *Mechatronics*, 13(8-9):1001–1023, 2003.
41. J.-H. Lee, H.-Y. Jung, T.-W. Lee, and S.-Y. Lee. Speech feature extraction using independent component analysis. In *Proceedings of the IEEE International Conference on Acoustics, Speech, and Signal Processing. ICASSP 2000*, volume 3, pages 1631–1634, June 2000.
42. H. Löschke. Entwicklung einer Methodik zur Differenzierung und Beurteilung von Musikinstrumenten anhand von Solomusikstücken. Diplomarbeit, Technische Universität Dresden, Institut für Akustik und Sprachkommunikation, 2006.
43. J. M. Marin, K. Mengersen, and C. P. Robert. Bayesian modelling and inference on mixtures of distributions. In *Handbook of Statistics*, volume 25, pages 15840–15845. Elsevier-Sciences, Amsterdam, 2005.
44. S. Merchel. Untersuchungen zur subjektiven und objektiven Bewertung und Beurteilung von Musikinstrumenten anhand von Solomusikstücken. Diplomarbeit, Technische Universität Dresden, Institut für Akustik und Sprachkommunikation, 2005.

45. S. Merchel and R. Hoffmann. Subjective evaluation of musical instruments on the basis of solo pieces of music. In *ISCA/DEGA Workshop on Perceptual Quality of Systems*, pages 68–75, Berlin, Germany, Sep. 2005.
46. Q. Miao, H.-Z. Huang, and X. Fan. A novel hybrid system with neural networks and hidden Markov models in fault diagnosis. In *Proceedings of the 5th Mexican international conference on Artificial Intelligence. MICAI 2006*, number 4293, pages 513–521. Springer, 2006.
47. Q. Miao and V. Makis. Condition monitoring and classification of rotating machinery using wavelets and hidden Markov models. *Mechanical Systems and Signal Processing*, 21(2):840–855, 2007.
48. T. Näth. Realisierung eines Algorithmus zur Quellentrennung auf Basis der Independent Component Analysis. Diplomarbeit, Technische Universität Dresden, Institut für Akustik und Sprachkommunikation, 2007.
49. H. Ocak, K. A. Loparo, and F. M. Discenzo. Online tracking of bearing wear using wavelet packet decomposition and probabilistic modeling: A method for bearing prognostics. *Journal of Sound and Vibration*, 302(4-5):951–961, May 2007.
50. B. A. Paya, I. I. Esat, and M. N. M. Badi. Artificial neural network based fault diagnostics of rotating machinery using wavelet transforms as a preprocessor. *Mechanical Systems and Signal Processing*, 11(5):751 – 765, 1997.
51. E. Pridöhl, B. Frankenstein, and F. Schubert. Möglichkeiten der akustischen Detektion von Rissen in rollenden Radsätzen. In *6. Internationale Schienenfahrzeugtagung*, pages 61–63, Okt. 2003.
52. T. Pusch, C. Cherif, A. Farooq, S. Wittenberg, R. Hoffmann, and C. Tschöpe. Early fault detection at textile machines with the help of structure-borne sound analysis. *Melliand English 11-12/2008*, pages E144 – E145, 2008.
53. T. Pusch, C. Cherif, A. Farooq, S. Wittenberg, R. Hoffmann, and C. Tschöpe. Early fault detection at textile machines with the help of structure-borne sound analysis. *Melliand China (2009) 6*, pages 54–56, 2009.
54. T. Pusch, C. Cherif, A. Farooq, S. Wittenberg, M. Wolff, R. Hoffmann, and C. Tschöpe. Fehlerfrüherkennung an Textilmaschinen mit Hilfe der Körperschallanalyse. *Melliand Textilberichte 3/2009*, pages 113–115, 2009.
55. L. R. Rabiner. A tutorial on hidden Markov models and selected applications in speech recognition. *Proceedings of the IEEE*, 77(2):257–286, Febr. 1989.
56. R. Rammohan and M. R. Taha. Exploratory investigations for intelligent damage prognosis using hidden Markov models. In *Proceedings of the IEEE International Conference on Systems, Man and Cybernetics*, volume 2, pages 1524–1529, Oct. 2005.
57. G. D. Rey and K. F. Wender. *Neuronale Netze: Eine Einführung in die Grundlagen, Anwendungen und Datenauswertung*. Huber, Bern, 2008.
58. T. Rudolph. *Evolutionäre Optimierung schneller Worterkenner*, volume 15 of *Studientexte zur Sprachkommunikation*. w.e.b. Universitätsverlag Dresden, 1999.
59. B. Samanta and K. R. Al-Balushi. Artificial neural network based fault diagnostics of rolling elements bearing using time-domain features. *Mechanical System and Signal Processing*, 17(2):317–328, 2003.
60. K. Schmidt and G. Trenkler. *Einführung in die moderne Matrix-Algebra*. Springer, Berlin Heidelberg New York, 2006.
61. F. Schubert. Basic principles of acoustic emission tomography. *Journal of Acoustic Emission*, 22:147–159, 2004.

62. L. Schubert, M. Küttner, B. Frankenstein, and D. Hentschel. Structural health monitoring of a rotor blade during statical load test. In *Proceedings of the 18th International Conference on Database and Expert Systems Applications. DEXA 2007*, pages 297–301, Sept. 2007.

63. P. Smyth. Hidden Markov models and neural networks for fault detection in dynamic systems. In *Proceedings of the 1993 IEEE-SP Workshop on Neural Networks for Signal Processing*, pages 582–592, Sept. 1993.

64. P. Somervuo. Experiments with linear and nonlinear feature transformations in HMM based phone recognition. In *Proceedings of the IEEE International Conference on Acoustics, Speech, and Signal Processing. ICASSP 2003*, volume 1, pages 52–55, April 2003.

65. P. Somervuo, B. Chen, and Q. Zhu. Feature transformations and combinations for improving ASR performance. In *Proceedings of the European Conference on Speech Communication and Technology. EUROSPEECH 2003*, pages 477–480, September 2003.

66. G. Strecha. *Skalierbare akustische Synthese für konkatenative Sprachsynthesesysteme*. TUDpress, Dresden, erscheint voraussichtlich 2012.

67. G. Strecha, M. Eichner, and R. Hoffmann. Line cepstral quefrencies and their use for acoustic inventory coding. In *Proceedings of the 8th Annual Conference of the International Speech Communication Association. INTERSPEECH 2007*, pages 2873–2876, Aug. 2007.

68. G. Strecha, M. Eichner, O. Jokisch, and R. Hoffmann. Codec integrated voice conversion for embedded speech synthesis. In *Proceedings of the 9th European Conference on Speech Communication and Technology. EUROSPEECH 2005*, pages 2589–2592, Sep. 2005.

69. G. Strecha, M. Wolff, F. Duckhorn, S. Wittenberg, and C. Tschöpe. The HMM synthesis algorithm of an embedded unified speech recognizer and synthesizer. In *Proceedings of the 10th Annual Conference of the International Speech Communication Association. INTERSPEECH 2009*, pages 1763–1766, Brighton, Sep. 2009.

70. A. R. Taylor and S. R. Duncan. A comparison of techniques for monitoring process faults. In *Proceedings of Conf. Control Systems*, pages 323–327, Stockholm, Sweden, 2002.

71. C. Tschöpe. Classification of non-speech acoustic signals using structure models. Jahr der Technik: Leuchtzeichen Elektronik & Optik, Dresden, Jul. 2004.

72. C. Tschöpe, D. Hentschel, R. Hoffmann, M. Eichner, and M. Wolff. Device and method for assessing a quality class of an object to be tested. US020070100623A1, Anmeldung zum internationalen Patent.

73. C. Tschöpe, D. Hentschel, R. Hoffmann, M. Eichner, and M. Wolff. Device and method for assessing the quality class of an object to be tested. Europäisches Patentamt, Nr. EP 1 733 223 B1, 16.1.2008.

74. C. Tschöpe, D. Hentschel, R. Hoffmann, M. Eichner, and M. Wolff. Vorrichtung und Verfahren zur Beurteilung einer Güteklasse eines zu prüfenden Objekts. Deutsches Patentamt, Nr. 10 2004 023 824 B4, Erteilung: 13.7.2006.

75. C. Tschöpe, D. Hentschel, M. Wolff, M. Eichner, and R. Hoffmann. Classification of non-speech acoustic signals using structure models. In *Proceedings of the IEEE International Conference on Acoustics, Speech, and Signal Processing. ICASSP 2004*, volume 5, pages 653–656, May 2004.

76. C. Tschöpe, D. Hirschfeld, and R. Hoffmann. Klassifikation technischer Signale für die Geräuschdiagnose von Maschinen und Bauteilen. In H. Tschöke and

W. Henze, editors, *Motor- und Aggregateakustik II*, pages 1–15. expert Verlag, Renningen, 2005.

77. C. Tschöpe and H. Neunübel. Machbarkeitsstudie zur Prüfung von gesinterten Zahnrädern. Abschlussbericht D050118-E, Fraunhofer IZFP-D, Sep. 2005. 6 Seiten.

78. C. Tschöpe, H. Neunübel, and J. Augustin. Fehlerfrüherkennung an Spinnmaschinen. Zwischenbericht zum AiF-Projekt KF0176002WD6, Fraunhofer IZFP Dresden, Jan. 2008.

79. C. Tschöpe, E. Schulze, H. Neunübel, M. Wolff, R. Schubert, and R. Hoffmann. Experiments in acoustic structural health monitoring of airplane parts. In *Proceedings of the IEEE International Conference on Acoustics, Speech and Signal Processing. ICASSP 2008*, pages 2037–2040, Apr. 2008.

80. C. Tschöpe and M. Wolff. Automatic decision making in SHM using hidden Markov models. In *Proceedings of the 18th International Conference on Database and Expert Systems Applications. DEXA 2007*, pages 307–311, Sept. 2007.

81. C. Tschöpe and M. Wolff. Automatische Beurteilung akustischer Signale. In *Tagungsband zum Forum Akustische Qualitätssicherung 2008 der DGAQS*, pages 3-1 – 3-4, Dezember 2008.

82. C. Tschöpe and M. Wolff. Statistical classifiers for structural health monitoring. *IEEE Sensors Journal*, 9(11):1567–1576, Nov. 2009.

83. C. Tschöpe, M. Wolff, and R. Hoffmann. Akustische Mustererkennung für die ZfP. *MP Materials Testing*, 10:701–704, 2009.

84. C. Tschöpe, M. Wolff, and R. Hoffmann. Automatische Klassifikationsverfahren in der Zustandsüberwachung. DGZFP-Jahrestagung, Münster, Mai 2009.

85. L. Tandjeu Tschuissi. Signalverarbeitung zur Überwachung rotierender Eisenbahnräder. Diplomarbeit, Technische Universität Dresden, Institut für Akustik und Sprachkommunikation, 2003.

86. V. Vapnik. *The Nature of Statistical Learning Theory*. Springer, New York, 1995.

87. V. Vapnik. *Statistical Learning Theory*. Wiley-Interscience, 1998.

88. P. Vary, U. Heute, and W. Hess. *Digitale Sprachsignalverarbeitung*. Teubner, Stuttgart, 1998.

89. A. J. Viterbi. Error bounds for convolutional codes and an asymptotically optimal decoding algorithm. *IEEE Trans. Informat. Theory*, IT-13:260–269, Apr. 1967.

90. A. Wendemuth. *Grundlagen der stochastischen Sprachverarbeitung*. Oldenbourg, München, Wien, 2004.

91. M. Wolff. Datenbasis IZFP/CWT1937. interner Bericht, Technische Universität Dresden, 2010.

92. M. Wolff. *Akustische Mustererkennung*. Habilitationsschrift, Technische Universität Dresden, 2011.

93. M. Wolff, U. Kordon, H. Hussein, M. Eichner, R. Hoffmann, and C. Tschöpe. Auscultatory blood pressure measurement using HMMs. In *Proceedings of the IEEE International Conference on Acoustics, Speech and Signal Processing. ICASSP 2007*, volume 1, pages 405–408, April 2007.

94. M. Wolff and C. Tschöpe. Auswertung zur Prüfung von gesinterten Zahnrädern. Forschungsbericht, Fraunhofer IZFP-D, Technische Universität Dresden, Institut für Akustik und Sprachkommunikation, May 2006. 6 Seiten.

95. M. Wolff and C. Tschöpe. Entwicklung von Datenanalyseverfahren für die Qualitätsbewertung technischer Prozesse, basierend auf spektralen Repräsentationen akustischer Vorgänge. Abschlussbericht zum DFG-Projekt HE 3656/1 und HO 1674/8-1, 31 Seiten, Fraunhofer IZFP Dresden, Jan. 2008.
96. M. Wolff and C. Tschöpe. Pattern recognition for sensor signals. In *Proceedings of the IEEE SENSORS 2009 Conference*, pages 665–668, Christchurch, Neuseeland, Okt. 2009.
97. D. Zhang, Y. Zeng, X. Zhou, and Y. Cheng. The pattern recognition of nondestructive testing based on HMM. In *Proceedings of the 4th World Congress on Intelligent Control and Automation*, volume 3, pages 2198–2202, Piscataway, NJ, USA, 2002.
98. Xiaodong Zhang, R. Xu, Chiman Kwan, S. Y. Liang, Quilin Xie, and L. Haynes. An integrated approach to bearing fault diagnostics and prognostics. In *Proceedings of the American Control Conference*, volume 4, pages 2750–2755, June 2005.